无损检测技术的原理及应用

耿亚鸽　吴彩　张二甫　著

吉林科学技术出版社

图书在版编目（CIP）数据

无损检测技术的原理及应用 / 耿亚鸽，吴彩，张二甫著. -- 长春 : 吉林科学技术出版社，2023.5
ISBN 978-7-5744-0510-3

Ⅰ. ①无… Ⅱ. ①耿… ②吴… ③张… Ⅲ. ①无损检验 Ⅳ. ①TG115.28

中国国家版本馆 CIP 数据核字(2023)第 103846 号

无损检测技术的原理及应用

著 耿亚鸽 吴 彩 张二甫
出 版 人 宛 霞
责任编辑 王 皓
封面设计 正思工作室
制 版 林忠平
幅面尺寸 185mm×260mm
开 本 16
字 数 260 千字
印 张 12
印 数 1–1500 册
版 次 2023年5月第1版
印 次 2024年1月第1次印刷

出 版 吉林科学技术出版社
发 行 吉林科学技术出版社
地 址 长春市福祉大路5788号
邮 编 130118
发行部电话/传真 0431-81629529 81629530 81629531
81629532 81629533 81629534
储运部电话 0431-86059116
编辑部电话 0431-81629518
印 刷 廊坊市印艺阁数字科技有限公司

书 号 ISBN 978-7-5744-0510-3
定 价 60.00元

前　言

无损检测作为一项先进的技术手段，在航空、航天、汽车、铁路等各个领域都有广泛应用。无损检测技术几乎涉及到所有行业，主要应用于金属材料、建筑、热力设备、机车车辆、飞机、航天器、船舶等各个方面。与传统的“破坏性检测”相比，无损检测非常安全、快捷、准确，可以发现材料内部的微小缺陷，并且不会对材料的完整性造成影响。

早在公元前 400 年，古希腊物理学家阿基米德就研究过无损检测技术，他利用半浸没于水中的物体排除的水位差的原理来测量物体的密度和矿物质含量。20 世纪初，X 射线和磁粉探伤等检测技术开始应用于实际工程和生产中。20 世纪 50 年代，超声波检测涡流检测、红外热成像等新的无损检测方法相继诞生。80 年代以后，数字信号处理技术、计算机图像处理技术的飞速发展，为无损检测技术的快速发展提供了强有力的支撑。

本书主要研究了无损检测的概念与原理，针对其射线检测、超声监测、渗透检修、磁粉检测以及漩涡检测展开概述，并与实际工作密切结合。未来，随着无损检测技术的不断拓展和升级，各个领域的无损检测人才需求将进一步增加。因为无损检测技术是一门高精尖技术，需要掌握大量的专业知识和操作技能，因此无损检测人才供不应求，未来这一领域的就业前景也非常广阔。据数据显示，我国目前的无损检测市场规模已经超过千亿元，但国内无损检测人才资源短缺，目前仍存在人才缺口；同时，随着各行各业对无损检测技术的需求不断增加，这一领域的就业机会也将得到进一步拓展。

编委会

目　录

第一章　无损检测概述

第一节　无损检测的概念

无损检测就是Non Destructive Testing，缩写是NDT（或NDE，non-destructive examination），也叫无损探伤，是在不损害或不影响被检测对象使用性能的前提下，采用射线、超声、红外、电磁等原理技术并结合仪器对材料、零件、设备进行缺陷、化学、物理参数检测的技术。常见的如超声波检测焊缝中的裂纹。中国机械工程学会无损检测学会是中国无损检测学术组织，TC56是其标准化机构。

无损检测是工业发展必不可少的有效工具，在一定程度上反映了一个国家的工业发展水平，其重要性已得到公认。而中国在1978年11月成立了全国性的无损检测学术组织——中国机械工程学会无损检测分会。此外，冶金、电力、石油化工、船舶、宇航、核能等行业还成立了各自的无损检测学会或协会；部分省、自治区、特别行政区、直辖市和地级市成立了省（市）级、地市级无损检测学会或协会；东北、华东、西南等区域还各自成立了区域性的无损检测学会或协会。在无损检测的基础理论研究和仪器设备开发方面，中国与世界先进国家之间仍有较大的差距，特别是在红外、声发射等高新技术检测设备方面更是如此。常用的无损检测方法：涡流检测（ECT）、射线照相检验（RT）、超声检测（UT）、磁粉检测（MT）和液体渗透检测（PT）五种。其他无损检测方法：声发射检测（AE）、热像/红外（TIR）、泄漏试验（LT）、交流场测量技术（ACFMT）、漏磁检验（MFL）、远场测试检测方法（RFT）、超声波衍射时差法（TOFD）等。

一、无损检测的作用

无损检测的作用或目的包括以下几个方面：

（一）改进制造工艺

人们按规定的质量要求制造产品时，为了要知晓所采用的制造工艺是否适宜，可先根据预定的制造工艺制造试制品，并对其进行无损检测。在观察检测结果的同时改进制造工艺，并反复进行试验，最后确定满足质量要求的产品制造工艺。例如，为了确定焊接规范，可根据预定的焊接规范制成试样，进行射线照相，随后根据探伤结果，修正焊接规范，最后再确定能够达到质量要求的焊接规范。按照各种无损检测手段所具有的特征，并熟练地运用这些手段，就能很容易地改进制造工艺。

（二）降低制造成本

进行无损检测，往往被认为要增加检查费用，从而使得制造成本也提高了。可是如果在制造过程中间的适当环节正确地进行无损检测，可防止无用的工序，从而降低制造成本。例如，如果在焊接完成后再检测发现有缺陷，需要返工修补。而返工需要许多工时或者很难修补，因此可以在焊接完工前的中间阶段先进行无损检测，确实证明没有缺陷后，再继续进行焊接，这样焊接后就可能不需要再进行修补了。这也是一个应用无损检测降低成本的例子。

（三）提高可靠性

可靠性的定义根据产品的种类、使用目的的不同而有所不同。就一般工业产品而言，可以理解为：在规定的使用条件下，在其使用寿命内，产品的部分或者整体都不发生破损，而且在满足所需的性能条件下，能够运转的时间与预期的使用寿命的比率（亦称利用度），这一概念就作为衡量可靠性好坏的大致尺度。这里，引起产品的部分或者整体破损而不能满足预期性能的原因，有设计方面的问题，有材料方面的问题，有加工方面的问题，也有完全意外的自然因素或者不能预计的灾害等问题；可以针对其发生的原因，采取措施，尽量降低它们的发生概率。

二、无损检测的特点

材料无损检测技术主要用于未知工艺缺陷的检验。它是对破坏性检验的补充和完善。其特点为：

（一）非破坏性

指在获得检测结果的同时，除了剔除不合格品外，不损失零件。因此，检测规模不受零件多少的限制，既可抽样检验，又可在必要时采用普检。因而，更具有灵活性（普检、抽检均可）和可靠性。

无损检测是在不损伤和破坏材料、机器和结构的情况下，对它们化学性能、力学性能以及内部结构等进行评价的一种检测方法。为了评价它们的性质，作出一定的判断，必须事先对同样条件的试样进行无损检测，随后再进行破坏性检测，求出这两个检测结果之间的关系。无损检测是在大量破坏性检测的基础上总结归纳出来的规律。

NDT的优点是可直接检测；既能抽检也能全检；可对正在使用的零件进行检测；可测量使用累积的影响；不必制样；可应用于现场；可重复试验，成本低。缺点是对操作人员要求高；检测结果因人可能不同，需进行大量证明，可靠性差；原始投资较大；检测结果是定性的。

（二）可靠性

无损检测是把一定的物理能量加到被检物上，再使用特定的检测装置来检测这种物理能量穿透、吸收、反射、散射、漏泄、渗透等现象的变化，来检查被检物有没有异常，这与被检物的材质、组织成分、形状、表面状态、所采用的物理能量的性质，以及被检物异常部分的状态、形状、大小、方向性和检测装置的特性等有很大关系。一般来说，不管采用哪一种检测方法，要完全检测出异常部分是不可能的。故为了尽量提高检测结果的可靠性，必须选择适合于异常部分性质的检测方法检测规范。

（三）无损检测方法和检测规范的选择

基于上述目的，必须预计被检物异常部分的性质，即预先分析被检物的材质、加工种类、加工过程或使用经过，必须预计缺陷可能是什么种类，什么形状，在什么部位，什么方向，确定它们的性质，随后再选择最适当的检测方法。

（四）互容性指检验方法的互容性

指用不同的检测方法可检测同一零件。

（五）动态性

这是说，无损探伤方法可对使用中的零件进行检验，而且能够适时考察产品运行期的累计影响。因而，可查明结构的失效机理。

（六）严格性指无损检测技术的严格性

首先无损检测需要专用仪器、设备；同时也需要专门训练的检验人员，按照严格的规程和标准进行操作。

（七）无损检测的实施时间

无损检测选择的时间必须是评定质量的最适当的时间。如焊接件的热处理，在热处理前检测就是针对焊接工艺产生的缺陷，而在热处理后检测则是针对热处理工艺产生的缺陷。检测次序的不同导致评定目的差异。再比如对一零件是在每道工序结束后检测还是最后检测目的完全不同，前者主要检测各个工序的合理与正确，而后者则是产品的质量。

（八）无损检测结果的评定

（1）无损检测的结果只应用来作为评定质量和寿命的依据之一，而不应仅仅根据它作出片面的结论，即同一零件可同时或依次采用不同的检验方法，而且又可重复地进行同一检验。这也是非破坏性带来的好处。

（2）利用无损检测以外的其他检测所得到的结果，使用有关材料的、焊接的、加工工艺的知识综合起来作出判断。

（3）要区别可以允许的缺陷和不可允许的缺陷，不要用无损检测去盲目追求要求过高的那种“高质量”。

（4）不同的检测人员对同一试件的检测结果可能有分歧。特别是在超声波检验时，同一检验项目要由两个检验人员来完成，需要“会诊”。

第二节　无损检测的形式

无损检测方法很多，据美国国家宇航局调研分析，其认为可分为六大类约70余种。但在实际应用中比较常见的有以下几种：

一、目视检测（VT）

目视检测，在国内实施的比较少，但在国际上非常重视的无损检测第一阶段首要方法。按照国际惯例，目视检测要先做，以确认不会影响后面的检验，再接着做四大常规检验。例如BINDT的PCN认证，就有专门的VT1、2、3级考核，更有专门的持证要求。VT常常用于目视检查焊缝，焊缝本身有工艺评定标准，都是可以通过目测和直接测量尺寸来做初步检验，发现咬边等不合格的外观缺陷，就要先打磨或者修整，之后才做其他深入的仪器检测。例如焊接件表面和铸件表面较多VT做的比较多，而锻件就很少，并且其检查标准是基本相符的。

二、射线照相法（RT）

是指用X射线或γ射线穿透试件，以胶片作为记录信息的器材的无损检测方法，该方法是最基本的，应用最广泛的一种非破坏性检验方法。

原理：射线能穿透肉眼无法穿透的物质使胶片感光，当X射线或γ射线照射胶片时，与普通光线一样，能使胶片乳剂层中的卤化银产生潜影，由于不同密度的物质对射线的吸收系数不同，照射到胶片各处的射线强度也就会产生差异，便可根据暗室处理后的底片各处黑度差来判别缺陷。

总的来说，RT的定性更准确，有可供长期保存的直观图像，总体成本相对较高，而且射线对人体有害，检验速度会较慢。

三、超声波检测（UT）

原理：通过超声波与试件相互作用，就反射、透射和散射的波进行研究，对试件进行宏观缺陷检测、几何特性测量、组织结构和力学性能变化的检测和表征，并进而对其特定应用性进行评价的技术。

适用于金属、非金属和复合材料等多种试件的无损检测；可对较大厚度范围内的试件内部缺陷进行检测。如对金属材料，可检测厚度为1～2mm的薄壁管材和板材，也可检测几米长的钢锻件；而且缺陷定位较准确，对面积型缺陷的检出率较高；灵敏度高，可检测试件内部尺寸很小的缺陷；并且检测成本低、速度快，设备轻便，对人体及环境无害，现场使用较方便。

但其对具有复杂形状或不规则外形的试件进行超声检测有困难；并且缺陷的位置、取向和形状以及材质和晶粒度都对检测结果有一定影响，检测结果也无直接见证记录。

四、磁粉检测（MT）

原理：铁磁性材料和工件被磁化后，由于不连续性的存在，使工件表面和近表面的磁力线发生局部畸变而产生漏磁场，吸附施加在工件表面的磁粉，形成在合适光照下目视可见的磁痕，从而显示出不连续性的位置、形状和大小。

适用性和局限性：磁粉探伤适用于检测铁磁性材料表面和近表面尺寸很小、间隙极窄（如可检测出长0.1mm、宽为微米级的裂纹）目视难以看出的不连续性；也可对原材料、半成品、成品工件和在役的零部件检测，还可对板材、型材、管材、棒材、焊接件、铸钢件及锻钢件进行检测，可发现裂纹、夹杂、发纹、白点、折叠、冷隔和疏松等缺陷。

但磁粉检测不能检测奥氏体不锈钢材料和用奥氏体不锈钢焊条焊接的焊缝，也不能检测铜、铝、镁、钛等非磁性材料。对于表面浅的划伤、埋藏较深的孔洞和与工件表面夹角小于20°的分层和折叠难以发现。

五、渗透检测（PT）

原理：零件表面被施涂含有荧光染料或着色染料的渗透剂后，在毛细管作用下，经过一段时间，渗透液可以渗透进表面开口缺陷中；经去除零件表面多余的渗透液后，再在零件表面施涂显像剂，同样，在毛细管的作用下，显像剂将吸引缺陷中保留的渗透液，渗透液回渗到显像剂中，在一定的光源下（紫外线光或白光），缺陷处的渗透液痕迹被现实，（黄绿色荧光或鲜艳红色），从而探测出缺陷的形貌及分布状态。

优点及局限性：渗透检测可检测各种材料，金属、非金属材料；磁性、非磁性材料；焊接、锻造、轧制等加工方式；具有较高的灵敏度（可发现0.1μm宽缺陷），同时显示直观、操作方便、检测费用低。

但它只能检出表面开口的缺陷，不适于检查多孔性疏松材料制成的工件和表面粗糙的工件；只能检出缺陷的表面分布，难以确定缺陷的实际深度，因而很难对缺陷做出定量评价，检出结果受操作者的影响也较大。

六、涡流检测（ECT）

原理：将通有交流电的线圈置于待测的金属板上或套在待测的金属管外。这时线圈内及其附近将产生交变磁场，使试件中产生呈旋涡状的感应交变电流，称为涡流。涡流的分布和大小，除与线圈的形状和尺寸、交流电流的大小和频率等有关外，还取决于试件的电导率、磁导率、形状和尺寸、与线圈的距离以及表面有无裂纹缺陷等。因而，在保持其他因素相对不变的条件下，用一探测线圈测量涡流所引起的磁场变化，可推知试件中涡流的大小和相位变化，进而获得有关电导率、缺陷、材质状况和其他物理量（如形状、尺寸等）的变化或缺陷存在等信息。但由于涡流是交变电流，具有集肤效应，所检测到的信息仅能反映试件表面或近表面处的情况。

应用：按试件的形状和检测目的的不同，可采用不同形式的线圈，通常有穿过式、探头式和插入式线圈3种。穿过式线圈用来检测管材、棒材和线材，它的内径略大于被检物件，使用时使被检物体以一定的速度在线圈内通过，可发现裂纹、夹杂、凹坑等缺陷。探头式线圈适用于对试件进行局部探测。应用时线圈置于金属板、管或其他零件上，可检查飞机起落撑杆内筒上和涡轮发动机叶片上的疲劳裂纹等。插入式线圈也称内部探头，放在管子或零件的孔内用来作内壁检测，可用于检查各种管道内壁的腐蚀程度等。为了提高检测灵敏度，探头式和插入式线圈大多装有磁芯。涡流法主要用于生产线上的金属管、棒、线的快速检测以及大批量零件如轴承钢球、汽门等的探伤（这时除涡流仪器外尚须配备自动装卸和传送的机械装置）、材质分选和硬度测量，也可用来测量镀层和涂膜的厚度。

优缺点：涡流检测时线圈不需与被测物直接接触，可进行高速检测，易于实现自动化，但不适用于形状复杂的零件，而且只能检测导电材料的表面和近表面缺陷，检测结果也易于受到材料本身及其他因素的干扰。

七、声发射（AE）

通过接收和分析材料的声发射信号来评定材料性能或结构完整性的无损检测方法。材料中因裂缝扩展、塑性变形或相变等引起应变能快速释放而产生的应力波现象称为声发射。1950年联邦德国J.凯泽对金属中的声发射现象进行了系统的研究。1964年美国首先将声发射检测技术应用于火箭发动机壳体的质量检验并取得成功。此后，声发射检测方法获得迅速发展。这是一种新增的无损检测方法，通过材料内部的裂纹扩张等发出的声音进行检测。主要用于检测在用设备、器件的缺陷即缺陷发展情况，以判断其良好性。声发射技术的应用已较广泛。可以用声发射鉴定不同范性变形的类型，研究断裂过程并区分断裂方式，检测出小于0.01mm长的裂纹扩展，研究应力腐蚀断裂和氢脆，检测马氏体相变，评价表面化学热处理渗层的脆性，以及监视焊后裂纹产生和扩展等等。在工业生产中，声发射技术已用于压力容器、锅炉、管道和火箭发动机壳体等大型构件的水压检验，评定缺陷的危险性等级，作出实时报警。在生产过程中，用PXWAE声发射技术可以连续监视高压容器、核反应堆容器和海底采油装置等构件的完整性。

声发射技术还应用于测量固体火箭发动机火药的燃烧速度和研究燃烧过程，检测渗漏，研究岩石的断裂，监视矿井的崩塌，并预报矿井的安全性。

八、超声波衍射时差法（TOFD）

TOFD技术于20世纪70年代由英国哈威尔的国家无损检测中心Silk博士首先提出，其原理源于silk博士对裂纹尖端衍射信号的研究。在同一时期我国中科院也检测出了裂纹尖端衍射信号，发展出一套裂纹测高的工艺方法，但并未发展出现在通行的TOFD检测技术。TOFD技术首先是一种检测方法，但能满足这种检测方法要求的仪器却迟迟未能问世。详细情况在下一部分内容进行讲解。TOFD要求探头接收微弱的衍射波时达到足够的信噪比，仪器可全程记录A扫波形、形成D扫描图谱，并且可用解三角形的方法将A扫时间值换算成深度值。而同一时期工业探伤的技术水平没能达到可满足这些技术要求的水平。直到20世纪90年代，计算机技术的发展使得数字化超声探伤仪发展成熟后，研制便携、成本可接受的TOFD检测仪才成为可能。但即便如此，TOFD仪器与普通A超仪器之间还是存在很大技术差别。是一种依靠从待检试件内部结构（主要是指缺陷）的“端角”和“端点”处得到的衍射能量来检测缺陷的方法，用于缺陷的检测、定量和定位。

九、非常规检测方法

除以上指出的八种，还有以下三种非常规检测方法值得注意：泄漏检测Leak Testing（缩写LT）；相控阵检测Phased Array（缩写PA）；导波检测Guided Wave Testing。

第三节 无损检测新技术

一、声发射检测

（一）声发射检测技术

声发射作为一门检测技术起步于20世纪50年代的德国。声发射技术是一种评价材料或构件损伤的动态无损检测诊断技术。它是通过对声发射信号的处理和分析来评价缺陷的发生和发展规律，并确定缺陷位置。声发射技术已经在压力容器的安全性检测与评价、焊接过程的监控和焊缝焊后的完整性检测、核反应堆的安全性监测以及断裂力学研究等诸多领域都取得了重要进展，部分研究已进入工业实用化阶段，成为无损检测技术体系中的一个极其重要的组成部分。

超声波探伤法是利用与AE相同的超声波来探索物体内部缺陷的技术，超声波探伤法与雷达一样从发射超声波信号的信号发生器发射脉冲，信号接收器接收从缺陷处反射回来的发射波，来确认有无缺陷，信号发生器与信号接收器是相同的。比如说即使有缺陷，如果超声波不接触到它，这种缺陷也检查不出来。因此，信号发生器和信号接收器必须对要检查的部分进行全面扫描，并且，能够发现缺陷的大小受超声波频率的影响。小的缺陷需要高频率，但是由于高频率信号的振幅衰减大，因此受到限制。但能积极地发现缺陷是其优点。

（二）声发射的产生与传播

1.声发射的产生

工程材料中有许多机构都可能成为声发射源，其中，与无损检测有关的声发射原则主要有塑性变形和裂纹的形成与扩展。塑性变形主要是通过滑移和孪生两种方式进行的，其中滑移是最主要的方式，它的过程则是位错的运动。它们均会产生声发射，弯曲金属锡片时出现的“锡鸣”，就是变形过程产生声发射现象的一个实例。孪生变形是晶体塑性变形的一种基本方式，它与滑移变形不同，所谓孪生是两个位向不同的晶体以一定的位向关系通过某一晶面结合在一起的总体。

在实际的材料中，确实已检测到与位错运动有关的声发射，为此，提出了几个产生声发射的位错模型。每个模型都得到了部分实验结果的支持。一种模型认为，位错产生声发射与塞积位错在反向应力作用下使位错源开动和关闭有关。自由位错线的长度和位错滑动的距离有一个低限，低于此值时将不能检测到声发射。这个下限值取决于检测系统对应变的灵敏度，即系统能检测到的试样表面的最小位移。对于无损检测来说，裂纹的形成和扩展则是一种更为重要的声发射源。裂纹的形成和扩展与材料的塑性变形有关，一旦裂纹形成，材料局部区域的应力集中得到卸载，声发射便产生。材料的断裂过程大致可分为裂纹成核、裂纹扩展和最终断裂三个阶段，这三个阶段都可成为强烈的声发射源。关于裂纹的形成已提出了不少模型，如位错塞积理论、位错反应理论和位错销毁理论等，它们都得到了部分实验结果的支持。理论计算表明，如果在裂纹形成过程中，多余的能量全部以弹性应力波的形式释放出来，则裂纹形成所产生的声发射比单个位错移动产生的声发射至少要大两个数量级。在微观裂纹扩展成为宏观裂纹之前，需要经过裂纹的缓慢扩展阶段。裂纹扩展所需的能量为裂纹形成所需能量的100～1000倍。裂纹扩展是间断进行的，大多数金属都具有一定的塑性，裂纹每向前扩展一步，都将积蓄的能量释放出来，使裂纹尖端区域卸载。这样，裂纹扩展产生的声发射很可能比裂纹形成产生的声发射还大得多。当裂纹扩展到接近临界裂纹长度时，便开始失稳扩展，成为快速断裂，此时的声发射强度则更大。

2.声发射的传播

作为应变能以弹性波的形式释放而产生的声发射波，与超声波有相似的传播规律。从传播形式上来看，声发射波在固体介质中也会以纵波、横波、表面波和板波等各种形式向前传播；声发射波在传播过程中，由于界面（缺陷、晶粒）的反射还会发生各种波形转换。

声发射波在传播过程中，除由于波前扩展而产生的扩散损失外，还会由于内摩擦及组织界面的散射使其在规定方向传播的声能衰减。造成声波在固体中，尤其是在金属中衰减的原因很多，主要的有散射衰减、黏性衰减、位错运动引起的衰减、铁磁性材料的磁畴壁运动以及残余应力和声场紊乱引起的衰减等。此外，还有由于与电子的相互作用引起的衰减及由其他各种内摩擦引起的衰减。

若在半无限大固体介质中的某一点产生声发射波，当传播到表面上某一点时，纵波、横波和表面波相继到达，因互相干涉而呈现出复杂的模式。

声发射在厚钢板中以所谓循轨波的形式向前传播，波在传播过程中，在两个界面上会发生多次反射，每次反射都要发生波形转换，即从声源发出单一频率的波以循轨波的形式传播后而具有复杂的特性。因此，要处理像声发射这样的过渡现象十分困难。循轨波的传播速度大体上与横波的传播速度相当。

（三）声发射检测仪器

声发射检测仪器是从事声发射检测试验的工具。目前的声发射检测仪器大体可分为两种基本类型，即单通道声发射检测仪和多通道声发射源定位和分析系统，且大多为组合式结构。

1.声发射传感器

（1）声发射传感器的种类

声发射传感器的工作原理与前述的压电法产生超声波传感器基本相同。它一般由壳体、保护膜、压电元件、阻尼块、连接导线和高频插座等几部分组成。压电元件通常采用锆钛酸铅、钛酸钡和铌酸锂等。根据不同的检测目的和使用环境而选用不同的结构和性能的传感器。

（2）传感器的标定

由于理论模型与其实际结构之间存在差异，使得声发射传感器的实际灵敏度和频率特性与其理论值往往有较大的偏差，因此，实际测试中必须对所用传感器的灵敏度和频率特性等指标进行标定。标定方法因激励源和传播介质的不同，可以组成多种方法，如激光脉冲法、玻璃毛细管破裂法、电火花法、断裂铅笔芯法等，但至今尚没有一种标定方法得到普遍承认。标定的激励源可分为噪声源、连续波源和脉冲波源三种。属于噪声源的有氦气喷射、应力腐蚀和金镉合金相变等；连续波源可以由压电换能器、电磁超声换能器和磁致伸缩换能器等产生；脉冲源可以由电火花、玻璃毛细管破裂、铅笔芯断裂、落球和激光脉冲等组成。传播介质可以是钢、铝或其他材料的棒、板和块。

2.声发射检测仪的组成及工作过程

声发射检测系统组成部分主要有：传感器、放大器、信号接收部分、信号处理部分、测量显示部分。其工作过程是声发射检测根据现场探头（传感器）布置，从声发射源发射的弹性波最终传播到达材料的表面，引起可以用声发射传感器探测的表面位移，这些探测器将材料的机械振动转换为电信号，然后再被放大、处理和记录。固体材料中内应力的变化产生声发射信号，在材料加工、处理和使用过程中有很多因素能引起内应力的变化，如位错运动、孪生、裂纹萌生与扩展、断裂、无扩散型相变、磁畴壁运动、热胀冷缩、外加负荷的变化等等。人们根据观察到的声发射信号进行分析与推断以了解材料产生声发射的机制。

主要目的是：

（1）确定声发射源的部位；

（2）分析声发射源的性质；

（3）确定声发射发生的时间或载荷；

（4）评定声发射源的严重性。

（四）声发射检测技术特点

（1）声发射检测是一种动态无损检测方法。一方面，材料或结构的缺陷本身主动参与了检测过程；另一方面，缺陷只有在外部条件的作用使其内部结构变化的情况下才能被检测到，这是它区别于常规无损检测的最显著的特点。

（2）声发射检测可以判断缺陷的严重性。一个同样大小、同样性质的缺陷，当它所处的位置和所受的应力状态不同时，其对结构的危害程度也不同，所以，它的声发射特征也有差别。明确了来自缺陷的声发射信号，就可以长期连续地监视缺陷的安全性。这是其他无损检测方法难以办到的。

（3）声发射检测几乎不受材料种类的限制。除极少数材料外，很多金属和非金属材料在一定的条件下都有声发射发生。这就使声发射检测具有广泛的适用性。

（4）声发射检测到的是一些电信号，根据这些电信号来解释结构内部的缺陷的变化往往比较复杂，需要丰富的知识和其他实验手段的配合。

（5）声发射检测的环境噪声干扰往往较大，因此，如何除噪降噪、提高信噪比，始终是声发射检测的主要研究课题。

（6）凯塞（Kaiser）效应。材料受载时，重复载荷到达原先所加最大载荷以前不发生明显的声发射现象，这种声发射不可逆的性质称为凯塞效应。多数金属材料中，可观察到明显的凯塞效应。但是，重复加载前，如产生新裂纹或其他可逆声发射机制，则凯塞效应会消失。

根据声发射的特点，现阶段声发射技术主要用于其他方法难以或不能适用的对象与环境、重要构件的综合评价、与安全性和经济性关系重大的对象等。

（五）声发射检测的应用

自 1964 年美国对北极星导弹舱第一次成功地进行了声发射检测以来，声发射技术受到了极大的重视。我国于20世纪70年代开始研究和应用声发射，先后研制和开发了多种型号的声发射检测仪器，并在压力容器监测、疲劳裂纹扩展、焊接过程及断裂力学等方面得到广泛应用。对大型油罐的在线测试，声发射技术已成为唯一可行的检测诊断手段。

因此，声发射技术不是替代传统的方法，而是一种新的补充手段。

（1）石油化工工业：各种压力容器、压力管道和海洋石油平台的检测和结构完整性评价，常压贮罐底部、各种阀门和埋地管道的泄漏检测等。

（2）电力工业：高压蒸气汽包、管道和阀门的检测与泄漏监测，汽轮机叶片的检测，汽轮机轴承运行状况的监测，变压器局部放电的检测等。

（3）材料试验：材料的性能测试、断裂试验、疲劳试验、腐蚀监测和摩擦测试，铁磁性材料的磁声发射测试等。

（4）民用工程：楼房、桥梁、起重机、隧道、大坝的检测，水泥结构裂纹开裂和扩展的连续监视等。

（5）航天和航空工业：航空器壳体和主要构件的检测与结构完整性评价，航空器的时效试验、疲劳试验检测和运行过程中的在线连续监测，固体推进剂药条燃速测试等。

（6）金属加工：工具磨损和断裂的探测，打磨轮或整形装置与工件接触的探测，修理整形的验证，金属加工过程的质量控制，焊接过程监测，振动探测，锻压测试，加工过程的碰撞探测和预防。

凯塞效应在声发射技术中有着重要用途，包括：在役构件的新生裂纹的定期过载声发射的检测；岩体等原先所受最大应力的推定；疲劳裂纹起始与扩展声发射的检测；通过预载措施消除夹具的噪声干扰；加载过程中常见的可逆性摩擦噪声的鉴别等。

（7）交通运输业：长管拖车、公路和铁路槽车及船舶的检测与缺陷定位，铁路材料和结构的裂纹探测，桥梁和隧道的结构完整性检测，卡车和火车滚子轴承与轴连轴承的状态监测，火车车轮和轴承的断裂探测。

（8）矿山地质：边坡、巷道稳定性监测，山体滑坡监测。

（9）其他：硬盘的干扰探测，带压瓶的完整性检测，庄稼和树木的干旱应力监测，磨损摩擦监测，岩石探测，地质和地震上的应用，发动机的状态监测，转动机械的在线过程监测，钢轧辊的裂纹探测，汽车轴承强化过程的监测，铸造过程的监测，Li/MnO_2电池的充放电监测，耳鼓膜声发射检测、人骨头的摩擦、受力和破坏特性试验，骨关节状况的监测等。

（六）影响材料声发射特性的因素

声发射技术的应用均以材料的声发射特性为基础。不同材料的声发射特性差异很大，即使对于同一种材料，影响声发射特性的因素也十分复杂，如热处理状态、组织结构、试样形状、加载方式、受载历史、温度、环境、气氛等。对同一试样做试验，在同样的内部条件和外部条件下，由于试样中的声发射源不同，也表现出不同的声发射特性。因此，对材料声发射特性的全面了解尚需进行大量的研究工作。

1.塑性变形的声发射特性

金属试样拉伸时的声发射通常有两种类型，即连续型声发射和突发型声发射。其中，连续型声发射是幅度低而连续出现、类似背景噪声的声发射，这种类型的声发射在塑性变形量较小时出现。当塑性变形增大时，连续型声发射的幅度也增大，而且，在材料屈服时，连续型声发射的幅度达到最大值。在屈服后，随着应变的增大，连续型声发射的幅度减小，而在接近破坏时，被突发型声发射所取代。突发型声发射是突然地发生且信号幅度一般比连续型声发射高。突发型声发射主要与显微裂纹的形成有关。

2.不可逆效应及其影响因素

试样第一次受力后再次以同样的方式受力时，在达到前次受力的最大载荷之前不出现声发射，此即不可逆效应，又称Kaiser效应。不可逆效应在声发射检测试验中具有重要意义。但应当指出，不可逆效应只是近似的，其影响因素也很复杂，如材料的合金成分、加载速度、试验温度等。实际中，绝大多数材料的不可逆效应比都小于1，有的材料在某些试验条件下甚至根本不存在不可逆效应。

二、红外无损检测

红外无损检测是利用红外物理理论，把红外辐射特性的分析技术和方法.应用于被检对象的无损检测的一个综合性应用工程技术。众所周知，材料、装备及工程结构等运行中的热状态是反映其运行状态的一个重要方面，热状态的变化和异常过热；往往是确定被检对象的实际工作状态和判断其可靠性的重要依据。通过对被检对象红外辐射特性的确定和分析，是确定和判断其热状态的良好途径。因此，红外无损检测技术在材料、装备及工程结构等的检验与评价汇总越来越受到人们重视。

（一）红外无损检测技术的特点及存在问题

1.特点

红外无损检测技术和其他常规检测技术比较，有如下优点。

（1）操作安全：由于进行红外无损检测时不需要与被检对象直接接触，所以操作十分安全。这个优点在带电设备、转动设备及高空设备的无损检测中非常突出。

（2）灵敏度高：现代红外探测器对红外辐射的探测灵敏度很高，目前的红外无损检测设备可以检测出0.1℃的温度差，因此能检测出设备或结构等热状态的细微变化。

（3）检测效率高：由于红外探测器的形影速度高达纳秒级，所以可迅速采集、处理和显示被检对象的红外辐射，提高检测效率。

一些新型的红外无损检测仪器可与计算机相连或自身带有微处理器，实现数字化图像处理，扩大了其功能和应用范围。

2.主要问题

红外无损检测存在的主要问题：

（1）确定温度值困难：使用红外无损检测技术可以诊断出设备或结构等热状态的微小差异和细微变化，但是很难准确地确定出被检对象上某一点确切的温度值。其原因是被检物体的红外辐射除了与温度有关之外，还受其他因素的影响，特别是物体表面状态的影响。

（2）难于确定被检物体的内部热状态：物体的红外辐射主要是其表面的红外辐射，主要反映了表面的热状态，而不可能直接反映出物体内部的热状态。所以，如果不使用红外光纤或窗口作为红外辐射传输的途径，则红外无损检测技术通常只能直接诊断物体暴露于大气中部分的过热故障或热状态异常。

（3）价格昂贵：红外无损检测仪器是高技术产品，更新换代迅速，生产批量不大，因此与其他检测仪器或常规检测设备相比，其价格是很昂贵的。

（二）红外无损检测基础

1.红外辐射及传输

红外辐射实际是波长为0.75～100μm的电磁波。由于这一波段位于可见光和微波之间，并且比红光的波长更长，所以红外辐射亦称红外线。由于任何温度高于热力学零度（OK）的物体，都会不停地进行红外辐射，所以红外辐射又称为热辐射。

红外辐射在大气中传播时，由于大气中的气体分子、水蒸气以及固体微粒、尘埃等物质的散射、吸收作用，使辐射在传输过程中逐渐衰减。

根据定义将红外辐射分为如下三个波段：

（1）近红外波段，波长为0.75~3.0um。

（2）中红外波段，波长为3.0~20μm。

（3）远红外波段，波长大于20μm。

2.基于红外辐射的一些概念及定律

红外辐射是指波长范围在0.75微米到1000微米之间的电磁辐射。基于红外辐射的技术在许多领域中得到广泛应用，包括热成像、无损检测、遥感、医学诊断等。以下是一些与红外辐射相关的概念和定律：

（1）威恩位移定律（Wien's Displacement Law）：根据威恩位移定律，对于一个黑体辐射器，其最大辐射强度出现在与其温度成反比的波长处。公式表达为λ_max = b / T，其中λ_max表示最大辐射波长，b为威恩位移常数，T为物体的绝对温度。

（2）斯特藩-玻尔兹曼定律（Stefan-Boltzmann Law）：斯特藩-玻尔兹曼定律描述了黑体辐射的总辐射功率与其温度之间的关系。根据该定律，黑体辐射功率正比于其表面的四次方和温度的四次方。

（3）热辐射（Thermal Radiation）：热辐射是由物体的温度引起的电磁波辐射。根据普朗克辐射定律，热辐射的能量谱密度与频率和温度有关。对于一个黑体辐射器，其辐射能量谱密度可由普朗克公式表示。

（4）热成像（Thermography）：热成像是一种利用红外辐射检测物体表面温度分布的技术。通过使用红外热像仪等设备，可以将物体辐射的红外辐射转换为可见的图像，从而实现对物体温度的无接触测量。

（5）红外光谱（Infrared Spectroscopy）：红外光谱是一种用于分析物质结构和化学组成的技术。通过测量物质吸收、发射或散射红外辐射的特性，可以获取物质在红外波段的吸收谱线，从而得到有关物质的信息。

这些概念和定律为我们理解和应用基于红外辐射的技术提供了重要的基础。通过深入研究和掌握这些原理，我们可以更好地利用红外辐射技术来满足不同领域中的需求，并推动相关领域的科学研究与发展。

（三）红外无损检测方法

将热量注入工件表面，其扩散进入工件内部的速度及分布情况由工件内部性质决定。另外，材料、装备及工程结构件等在运行中的热状态是反映其运行状态的一个重要方面。热状态的变化和异常，往往是确定被测对象的实际工作状态和判断其可靠性的重要依据。红外检测按其检测方式分为主动式和被动式两类。前者是在人工加热工件的同时或加热后经过延迟扫描记录和观察工件表面的温度分布，适用于静态件检测；后者是利用工件自身的温度不同于周围环境的温度，在两者的热交换过程中显示工件内部的缺陷，适用于运行中设备的质量控制。

红外检测的基本原理是，如果被检物体存在不连续性时，将会导致物体的热传导性改变，进而反映在物体表面的温度差别，即物体表面的局部区域产生温度梯度，导致物体表面红外辐射能力发生差异，利用显示器将其显示出来，进而推断出物体内部是否存在缺陷。一般有两种

（1）有源红外检测法（主动红外检测法）：利用外部热源向被检工件注入热量，再借助检测设备测得工件各处热辐射分布来判定内部缺陷的方法。

（2）无源红外检测法（被动红外检测法）：利用工件本身热辐射的一种测量方法，无任何外加热源。

（四）红外无损检测仪器

1.红外测温仪

（1）特点

红外无损检测仪器具有许多特点，使其在各个行业中得到广泛应用。以下是一些常见的红外无损检测仪器的特点：

①非接触性：红外无损检测仪器使用红外辐射技术，可以在不接触被检测物体的情况下进行检测。这意味着无需对物体进行破坏性测试或损坏，从而减少对被检测物体的干扰和损伤。

②实时性：红外无损检测仪器能够实时地显示物体的热图或温度分布。这使得操作人员能够迅速了解被检测物体的状态，并及时采取必要的措施。

③快速性：红外无损检测仪器能够快速对大范围的物体进行扫描和检测。相比传统的检测方法，它节省了大量的时间和人力资源。

④高灵敏度：红外无损检测仪器具有高灵敏度，能够检测到微小的温度变化和异常。这使得它能够准确识别物体表面或内部的缺陷、裂纹、漏热等问题。

⑤高分辨率：红外无损检测仪器通常具有高分辨率的图像显示功能，能够清晰地显示被检测物体的细节。这使得操作人员能够更准确地分析和评估物体的状态。

⑥多功能性：红外无损检测仪器可以应用于多个领域和行业，包括建筑、电力、航空航天、医疗等。它可以检测不同类型的缺陷和问题，并提供相应的解决方案。

⑦安全性：红外无损检测仪器使用无害的红外辐射进行检测，对操作人员和被检测物体没有负面影响。这使得它成为一种安全可靠的检测方法。

（2）使用要点

红外测温仪是一种常见的红外无损检测仪器，用于快速、非接触地测量物体的表面温度。以下是红外测温仪的使用步骤：

①准备工作：确保红外测温仪处于正常工作状态，电池已充电或有足够的电量。检查测温仪的镜头是否干净，如有污垢可使用柔软的布清洁。

②靶标选择：确定待测物体的表面，选择一个具有代表性的区域作为测量点。考虑到物体的特性和测量需求，选择一个平坦、光滑且无遮挡的位置进行测量。

③距离与角度：将红外测温仪对准待测物体的表面，保持适当的距离。不同型号的测温仪可能有不同的最佳距离范围，请参考使用说明书。确保测温仪与物体之间没有任何遮挡物，并尽量使测温仪与物体垂直。

④测量操作：按下红外测温仪上的测量按钮，使其开始工作。多数测温仪会发出激光或瞄准标记来帮助准确对准测量点。将测温仪的镜头对准目标，触发测量。

⑤记录结果：测温仪会显示测量结果，通常以摄氏度或华氏度为单位。记录每次测量的数值，并注意测量的时间、位置等相关信息，以便后续分析和比较。

⑥分析与解读：根据测量结果进行分析和解读。对于不同领域的应用，可能有不同的温度标准或参考值。比较测量结果与标准范围，判断是否存在异常情况。如有需要，可进一步研究和采取必要的措施。

需要注意的是，红外测温仪测量的是物体表面的温度，而不是其内部温度。因此，在使用时应注意选择合适的测量点，并结合其他信息进行综合判断。

红外测温仪的使用简便、快速，可以在很多领域中得到广泛应用，如电力、建筑、工业生产等。然而，正确的使用和解读测量结果是保证准确性和有效性的关键，因此，使用者应遵循相关操作指南，并对测温仪的特性和限制有一定了解。

2.红外热像仪

红外热像仪的工作原理。红外测温仪所显示的是被测物体的某一局部的平均温度，而红外热像仪则显示的是一幅热图，是物体红外辐射能量密度的二维分布图。通常一幅图像由几十万或上百万个像素组成，要想将物体的热像显示在监视器上，首先需将热像分解成像素，然后通过红外探测器将其变成电信号，再经过信号综合，在监视器上成像。图像的分解一般采用光学机械扫描方法。目前高速的热像仪可以做到实时显示物体的红外热像。红外热像仪的特点和主要参数：

（1）能显示物体的表面温度场，并以图像的形式显示，非常直观。

（2）分辨力强，现代热像仪可以分辨0.1℃，甚至更小的温差。

（3）显示方式灵活多样。

（4）能与计算机进行数据交换，便于存储和处理。

缺点：

（1）要用液氮、氖气或热电制冷，以保证其在低温下工作。

（2）光学机械扫描装置结构复杂。

3.红外热电视

（1）采用电子扫描入式热电探测器的两维红外成像装置。

（2）采用电子束扫描或电荷耦合器件扫描方式。

（3）采用热电探测器，不需液氮、氩气或电制冷等。

（4）可直接用电视显示、记录或重放等。

（五）红外无损检测技术的应用

1.温度监测

红外无损检测技术可以应用于热加工过程中的温度监测。在热处理、焊接、铸造等过程中，精确地控制和监测温度是至关重要的。利用红外相机可以实时观察物体表面的温度分布和变化情况，从而帮助操作人员调整加热参数，确保加工过程的稳定性和质量。

2.缺陷检测

红外无损检测技术可以用于热加工过程中材料的缺陷检测。例如，在焊接过程中，存在着焊接缺陷（如裂纹、气孔等）可能导致焊接接头的强度降低。利用红外无损检测技术，可以通过观察焊接区域的红外图像来检测和识别这些缺陷。这样，操作人员可以及时采取措施进行修复或调整焊接参数，以提高焊接质量。

3.过程监控

红外无损检测技术还可以应用于热加工过程的实时监控。在金属热处理、玻璃成型等过程中，温度分布的均匀性对产品质量至关重要。通过使用红外相机，可以实时观察物体表面的温度分布情况，并通过图像处理算法进行分析。如果发现温度分布不均匀或存在异常情况，操作人员可以及时采取措施进行调整，以确保加工过程的稳定性和一致性。

4. 能量效率优化

红外无损检测技术可以帮助优化热加工过程的能量效率。在热处理、烘干等过程中，精确地控制和调整加热参数可以避免能量的浪费和过度消耗。利用红外相机，可以实时观察物体表面的温度变化，并通过图像处理算法进行分析。通过调整加热参数，如加热时间、加热强度等，可以实现能量的最优利用，从而提高加工效率和节约能源。

5. 局限性

尽管红外无损检测技术在热加工中具有许多应用优势，但也存在一些局限性。首先，红外辐射只能检测物体表面的温度和特征，对于深部缺陷或内部结构的检测比较困难。其次，红外无损检测技术对环境因素的干扰比较敏感，如湿度、气流等可能影响红外图像的质量和准确性。此外，在复杂的工业环境中，红外无损检测技术的设备和操作复杂度较高，需要专业的人员进行操作和解读结果。此外，红外图像的分辨率和精度可能受到限制，影响了检测结果的准确性。

（六）红外无损检测技术的发展

红外理论的实际应用是从军事方面开始的。应用红外物理理论和红外技术成果对材料、装置和工程结构等进行无损检测与诊断，首先是从电力部门开始的。20世纪60年代中期，瑞典国家电力局和AGA公司合作，对红外前视系统进行改进，用于运行中电力设备热状态的诊断，开发出了第一代工业用红外热像仪。与此同时，各种各样的用于无损检测与诊断的红外测温装置也相继出现。这些红外测温仪不仅可以进行温度测量，更重要的是可以应用于设备与构件等的热状态诊断。目前红外无损检测技术正在和计算机技术、图像处理技术相结合，以期在设备、结构等的无损检测中发挥更大的作用。

三、激光全息照相检测

激光全息照相检测是一种基于激光干涉和全息成像原理的非接触式测量技术。通过利用激光产生的相干光波束进行照明，记录物体的全息图像，并通过解码和分析全息图像来获取物体的形状、表面变形、位移等信息。激光全息照相检测具有高分辨率、大视场、非接触等优点，因此被广泛应用于工业、科学研究以及艺术领域。本文将对激光全息照相检测的原理、应用和发展进行概述。

（一）激光全息检测的特点与原理

1. 激光全息检测的特点

（1）高分辨率：激光全息照相检测具有非常高的空间分辨率，可以捕捉到微小尺寸的物体细节。这使得它在需要精确测量和形态分析的应用中十分有优势。

（2）大视场：激光全息照相检测技术能够同时记录整个被测物体的全息图像，不受物体尺寸和形状的限制。相比于其他传统的测量方法，它具有更大的视场范围，能够提供更全面的信息。

（3）非接触式测量：激光全息照相检测不需要与被测物体直接接触，通过激光干涉和全息成像原理进行测量。这使得测量过程更加安全、快速，并且不会对被测物体造成任何损伤。

（4）实时性：激光全息照相检测具有实时性，可以在实时监测下获取被测物体的变形、位移等相关信息。这对于需要即时反馈的应用场景非常重要，如结构变形分析、动态物体测量等。

（5）全息图像可储存和复制：激光全息照相检测生成的全息图像可以被记录下来并进行储存和复制。这使得它在数据分析、后续处理以及共享与传播方面更加便利。

2.激光全息检测的原理

激光全息照相检测的原理基于激光干涉和全息成像技术。

（1）激光干涉：在激光全息照相检测中，使用激光将被测物体进行照明。激光光束经过被测物体后，会与参考光束发生干涉。这种干涉现象会形成一个干涉图案，其中包含了被测物体的相位和振幅信息。

（2）全息记录：干涉图案被记录在感光介质上。常见的感光介质包括全息干板和全息胶片。记录时，激光光束直接照射到感光介质上，将图案的相位和振幅信息记录在其中，形成全息图像。全息图像是由波前信息编码而成，可以捕捉到被测物体的三维信息。

（3）全息重建：当全息图像再次被激光照明时，感光介质上记录的相位和振幅信息会解码并形成一个逼真的三维影像。这个过程称为全息重建。通过对重建图像的分析和处理，可以得到被测物体的形状、表面变形以及位移等相关信息。

（二）激光全息检测方法

1.物体表面微差位移的观察方法

激光全息照相用于产品的无损检测，采用的是全息干涉计量术，它是激光全息照相与干涉计量技术的综合。该技术的依据是物体内部的缺陷在外力作用下，使它所对应的物体表面产生与其周围不相同的微差位移。然后，用激光全息照相的方法进行比较，从而检测物体内部的缺陷。观察物体表面微差位移的方法主要由以下几种：实时法、两次曝光法、时间平均法。

（1）实时法

先拍摄物体在不受力时的全息图，冲洗处理后，把全息图精确地放回到原来拍摄的位置上，并用与拍摄全息图时同样的参考光照射，则全息图就会再现出物体三维立体像（物体的虚像），再现的虚像完全重合在物体上。这时对物体加载，物体的表面会产生变形，受载后的物体表面光波和再现的物体虚像之间就形成了微量的光程差。由于两个光波都是相干光波（来自同一个激光源），并几乎存在于空间的同一位置，因此，这两个光波叠加就会产生干涉条纹。

由于物体的初始状态（再现的虚像）和物体加载状态之间的干涉度量比较是在观察时完成的，因此称这种方法为实时法。这种方法的优点是只需要用两张全息图就能观察到各种不同加载情况下的物体表面状态，从而判断出物体内部是否含有缺陷。因此，这种方法既经济，又能迅速而确切地确定出物体所需加载量的大小。其缺点是：

①为了将全息图精确地放回到原来的位置，就需要有一套附加机构，以便使全息图位置的移动不超过几个光波的波长。

②由于全息干版在冲洗过程中乳胶层不可避免地要产生一些收缩，当全息图放回原位时，虽然物体没有变形，但仍有少量的位移干涉条纹出现。

③显示的干涉条纹图样不能长久保留。

（2）两次曝光法

将物体在两种不同受载情况下的物体表面光波摄制在同一张全息图上，然后再现这两个光波，而这两个再现光波叠加时仍然能够产生干涉现象。这时所看到的再现图像，除了显示出原来物体的全息像外，还产生较为粗大的干涉条纹图样。这种条纹表现在观察方向上的等位移线，两条相邻条纹之间的位移差相当于再现光波的半个波长，若用氦一氖激光器作光源，则每条条纹代表大约 0.316μm 的表面位移。可以从这种干涉条纹图样的形状和分布来判断物体内部是否有缺陷。

（3）时间平均法

时间平均法是在物体振动时摄制的全息图。在摄制时所需的曝光时间要比物体振动循环的一个周期长得多，即在整个曝光时间内，物体要能够进行多个周期的振动。但由于物体是作正弦式周期性振动，因此将把大部分时间消耗在振动的两个端点上。所以，全息图上所记录的状态实际上是物体在振动的两个端点状态的叠加，当再现全息图时，这两个端点状态的像就相干涉而产生干涉条纹，从干涉条纹图样的形状和分布来判断物体内部是否有缺陷。

这种方法显示的缺陷图案比较清晰，但为了使物体产生振动就需要有一套激励装置。而且，由于物体内部的缺陷大小和深度不一，其激励频率应各不相同，所以要求激励源的频带要宽，频率要连续可调，其输出功率大小也有一定的要求。同时，还要根据不同产品对象选择合适的换能器来激励物体。

2.激光全息检测的加载方法

用激光全息照相来检测物体内部缺陷的实质是比较物体在不同受载情况下的表面光波、因此需要对物体施加载荷。常用的加载方式有以下几种。

（1）内部充气法。对于蜂窝结构（有孔蜂窝）、轮胎、压力容器、管道等产品，可以用内部充气法加载。蜂窝结构内部充气后，蒙皮在气体的作用下向外鼓起。脱胶处的蒙皮在气压作用下向外鼓起的量比周围大，形成脱胶处相对于周围蒙皮有一个微小变形。

（2）表面真空法。对于无法采用内部充气的结构，如不连通蜂窝、叠层结构、钣金胶结结构等，可以在外表面抽真空加载，造成缺陷处表皮的内外压力差，从而引起缺陷处表皮变形。

（3）热加载法。这种方法是对物体施加一个适当温度的热脉冲，物体因受热而变形，内部有缺陷时，由于传热较慢，该局部区域比缺陷周围的温度要高。因此，造成该处的变形量相应也较大，从而形成缺陷处相对于周围的表面变形有了一个微差位移。

（三）激光全息检测的应用

（1）蜂窝结构检测。蜂窝夹层结构的检测可以采用内部充气、加热以及表面真空的加载方法。例如飞机机翼，采用两次曝光和实时检测方法都能检测出脱粘、失稳等缺陷。当蒙皮厚度为 0.3mm 时，可检测出直径为 5mm 的缺陷。采用激光全息照相方法检测蜂窝夹层结构，具有良好的重复性、再现性和灵敏度。

（2）复合材料检测。以硼或碳高强度纤维本身粘接以及粘接到其他金属基片上的复合材料，是近年来极受人们重视的一种新材料。它比目前采用的均一材料更具有强度高等优点，是宇航工业中很有应用前途的一种结构材料。但这种材料在制造和使用过程中会出现纤维内部、纤维层之间以及纤维层与基片之间脱粘或开裂，使得材料的刚度下降。当脱粘或裂缝增加到一定量时，结构的刚度将大大降低甚至导致损坏。全息照相可以检测出材料的这种缺陷。

（3）胶接结构检测。在固体火箭发动机的外壳、绝热层、包覆层及推进剂药柱各界面之间要求无脱粘缺陷。目前多采用X射线检测产品的气泡、夹杂物等缺陷，而对于脱粘检测却难于检查。超声波检测因其探头需要采用耦合剂，而且在曲率较大的部位或棱角处无法接触而形成“死区”，限制了它的应用。利用全息照相检测能有效地克服上述两种检测方法的缺点。

（4）药柱质量检测。激光全息照相也可以用来检测药柱内部的气孔和裂纹。通过加载使药柱在对应气孔或裂纹的表面产生变形，当变形量达到激光器光波波长的 1/4 时，就可使干涉条纹图样发生畸变。

（5）印制电路板焊点检测。由于印制电路板焊点的特点，一般采用热加载方法。有缺陷的焊点，其干涉条纹与正常焊点有明显的区别。为了适应快速自动检测的要求，可采用计算机图像处理技术对全息干涉图像进行处理和识别，通过分析条纹的形成等判断焊点的质量，由计算机控制程序完成整个检测过程。

（6）压力容器检测。小型压力容器大多数采用高强度合金钢制造。由于高强度钢材的焊接工艺难于掌握，焊缝和母材往往容易形成裂纹缺陷，加之容器本身大都需要开孔接管和支撑，存在着应力集中的部位，工作条件又较苛刻，如高温高压、低温高压、介质腐蚀等都促使容器易于产生疲劳裂纹。疲劳裂纹在交变载荷的作用下不断扩展，最终会使容器泄漏或破损，给安全生产带来威胁。传统的检验方法是采用磁粉检验、射线检验和超声波检验，或者采用高压破损检验，但检测速度较慢，难于取得圆满的效果。采用激光全息照相打水压加载法，能够检测出3mm厚的不锈钢容器的环状裂纹，裂纹的宽度为5mm、深度为1.5mm左右。

四、微波无损检测

微波无损检测是一种基于微波技术的材料和结构无损检测方法。它利用微波信号与被测物体相互作用时的特殊物理性质，例如电磁波的传播、反射和吸收等，来获取被测物体的内部信息。微波无损检测具有非接触、快速、高效的特点，广泛应用于材料科学、工程领域以及工业生产中。

（一）微波的性质及特点

微波是一种电磁波，具有以下性质和特点：

1. 高频率

微波的频率范围通常在300 MHz（兆赫）到100 GHz（千兆赫）之间，相比可见光和无线电波，微波的频率更高，波长更短。

2. 反射与传播能力

微波具有较好的反射和传播能力。它可以在物体表面发生反射，也可以穿透物体进行传播。这使得微波在无损检测、通信和雷达等应用中具有重要作用。

3. 穿透和吸收特性

微波对于不同材料和物质有不同的穿透和吸收特性。某些物质对微波有很强的吸收能力，导致微波被大部分或全部吸收而几乎不能穿透。而其他物质（如金属）对微波有较强的反射能力，微波难以穿透进入其中。

4. 与物质相互作用

微波与物质相互作用时，会引起电磁场的振荡和分子的转动。这种相互作用导致了微波在物质中的能量吸收和转化，使得微波可以用于加热、干燥和材料处理等应用。

5. 非离子辐射

与X射线和γ射线等离子辐射不同，微波是非离子辐射。这意味着微波不会对生命体细胞产生直接离子化作用，相对较安全。

6. 应用广泛

微波具有许多实际应用，包括无损检测、通信、雷达、卫星通信、微波炉、医学成像、天文观测等。由于其高频率和特殊的性质，微波在各个领域都有重要的应用价值。

（二）微波的产生与传输

微波是一种电磁波，其产生和传输涉及到特定的设备和技术。下面将介绍微波的产生和传输过程。

1. 微波的产生

微波的产生主要依靠以下两种方法：

（1）电子振荡器：常见的微波产生装置是电子振荡器，例如磁控管（Magnetron）和半导体二极管（Gunn Diode）。这些装置利用电子在磁场或电场作用下的振荡运动来产生微波信号。

（2）激光和光纤：激光和光纤技术也可以用于产生微波信号。激光光脉冲可以通过光电效应转化为微波信号，而光纤中的光信号则可以通过非线性光学效应转化为微波信号。

2. 微波的传输

微波的传输涉及到传输介质和相应的传输系统。常见的微波传输方式包括以下几种：

（1）自由空间传输：在无障碍物存在的情况下，微波可以通过自由空间传输。这种传输方式通常用于无线通信、卫星通信和雷达系统中。

（2）波导传输：波导是一种金属管道或空腔结构，可以有效地引导和传输微波信号。波导传输常用于微波通信、无损检测和雷达系统等领域。

（3）同轴电缆传输：同轴电缆是由内外两个金属导体之间以绝缘材料隔开的传输线路。同轴电缆广泛应用于电视、网络通信和微波设备连接等领域。

（4）微带传输：微带传输是一种将微波信号引导在微带线上进行传输的技术。它主要应用于集成电路、天线设计和射频通信等领域。

（5）光纤传输：光纤可以通过光电效应将光信号转化为微波信号，并在光纤中进行传输。这种传输方式常用于高速通信和数据传输领域。

（6）在微波传输过程中，需要考虑信号衰减、传输损耗、反射和干扰等因素。因此，在设计和选择适当的传输系统时，需要综合考虑传输距离、频率范围、传输损耗和抗干扰能力等因素。

微波的产生和传输涉及到设备和技术的应用。通过合适的产生装置和传输系统，可以有效地生成和传输微波信号，以满足各种应用需求。

（三）微波检测的基本原理

微波检测是通过研究微波反射、透射、衍射、干涉、腔体微扰等物理特性的改变，以及微波作用于被检测材料时的电磁特性——介电常数的损耗正切角的相对变化，通过测量微波基本参数如微波幅度、频率、相位的变化，来判断被测材料或物体内部是否存在缺陷以及测定其他物理参数。微波从表面透入材料内部，功率随透入的距离以指数形式衰减。理论上把功率衰减到只有表面处的 $1/e^2$= 13.6％的深度，称为穿透深度。

微波 NDT 是综合研究微波与物质的相互作用，一方面微波在不连续界面处会产生反射、散射、透射，另一方面，微波还能与被检材料产生相互作用（产生取向极化、原子极化、电子极化、空间电荷极化等），此时微波场（振幅、频率、相位）会受到材料中两个电磁参数（介电常数和介电损耗正切角）和材料几何参数（材料形状、尺寸）的影响。众所周知，材料电磁参数是材料组分、结构、均匀性、取向、含水量等因素的函数，因此根据微波场的变化可以推断出被检材料内部的质量状态。

（四）微波的检测方法

由发射天线发出微波，遇到被测物时将被吸收或反射，使功率发生变化，若利用接收天线，接收通过被测物或由被测物反射回来的微波，并将它转化成电信号，再由测量电路测量和指示，就实现了微波检测。

微波无损检测的方法主要有穿透法、散射法、反射法等。把微波发射器和接收器放置在被检工件两侧的称为穿透法，放在一侧的称为反射法。散射法则是通过测试回波强度变化来确定散射特性。检测时微波经有缺陷部位时被散射，因而使被接收到的微波信号比无缺陷部位要小，根据这些特性来判断工件内部是否存在缺陷。其他还有干涉法、微波全息技术和断层成像法等。

（五）微波检测技术的应用

微波检测作为常规无损检测方法的补充，它适用于检测增强塑料、陶瓷、树脂、玻璃、橡胶、木材以及各种复合材料等，也适于检测各种胶接结构和蜂窝结构件中的分层、脱黏、金属加工工件表面粗糙度、裂纹等。以评价材料结构完整性为主要用途的新型微波检测仪，可用于检测玻璃钢的分层、脱黏、气孔、夹杂物和裂纹等。它是由发射、接收和信号处理三部分组成的，收发传感器共用一个喇叭天线。使用时根据参考标准调整探头，使检波器输出趋于零；当探头扫描到有分层部位时，反射波的幅度和相位随之改变，检波器则有输出。

五、声震（生阻）检测

声振检测方法是一种通过激励被检工件，使其产生机械振动（声波），并从机械振动的测定结果中制定被检对象质量的方法。特点是简便、快速、低廉。

（一）频率检测法（敲击检测）

频率检测法，也称为敲击检测或击打测试，是一种常用的无损检测方法，通过观察材料或结构在受到敲击或击打后所产生的声音信号来判断其频率特性和存在的缺陷。这种方法主要适用于固体材料和结构的评估。

1.工作原理

频率检测法基于材料的固有振动频率和声学特性。当一个物体被敲击或击打时，它会产生一系列的振动，并以声波的形式传播出去。这些振动和声波的特性取决于物体的弹性模量、密度和尺寸等因素。

使用频率检测法时，通常需要一个敲击或击打装置，如橡胶锤或金属球。操作人员会将装置轻轻敲击或击打在待检测的材料表面，同时用听觉或传感器来接收并分析敲击产生的声音信号。根据声音信号的频谱分布和频率成分，可以判断材料的固有频率以及潜在的缺陷。

2.应用领域

频率检测法广泛应用于以下领域：

（1）材料评估：频率检测法可以用于评估材料的质量和完整性，例如金属、陶瓷、复合材料等。通过分析敲击声音的频谱和共振频率，可以发现材料中的裂纹、缺陷或变形。

（2）结构健康监测：频率检测法被用于结构的健康监测和损伤评估。例如，在建筑物、桥梁、飞机和汽车等结构中，通过敲击检测可以识别出隐蔽的疲劳裂纹或结构变形，以便及时采取相应的维修措施。

（3）乐器制造：在乐器制造领域，频率检测法常被用来评估乐器的音质和谐波特性。敲击不同部位的乐器，如钢琴的琴弦或木琴的木条，可以判断乐器的共振频率和音调是否符合要求。

3.优点和局限性

频率检测法具有以下优点：

（1）简单易用：这种方法操作简单，只需要一个敲击装置和声音接收设备即可进行测试。

（2）无需接触：频率检测法是一种非接触性的测试方法，不需要对材料进行破坏性或接触性测试。

（3）广泛适用：这种方法适用于多种材料和结构的评估，包括金属、陶瓷、复合材料和建筑结构等。

然而，频率检测法也存在一些局限性：

（4）主观性：结果的分析和判断依赖于操作人员的经验和感觉，存在一定的主观性。

（5）受环境影响：外部噪声和振动会对测试结果产生干扰，需要在相对安静的环境中进行测试。

（6）无法定量化：频率检测法通常只能给出材料频率的相对范围，无法提供精确的定量数据，仅能作为初步评估的依据。

（二）局部激震法

局部激震法是一种无损检测方法，通过在被测物体表面或局部区域施加激振力或激震信号，观察和分析其所产生的机械振动响应来评估材料或结构的性能和缺陷。这种方法通常用于检测固体材料和结构的弹性、刚度、疲劳裂纹以及内部缺陷。

1.工作原理

局部激震法基于材料或结构的振动特性和频率响应。当被测物体受到激振力或激震信号时，会在局部区域产生机械振动，并以波动形式传播。这些振动波动的特性取决于材料的弹性模量、密度、几何结构以及存在的缺陷。

使用局部激震法时，通常需要一个激振器或激震源，如冲击锤、压电传感器或声音发射器。操作人员会将激振器或激震源放置在被测物体的表面或局部区域，并施加合适的激振力或激震信号。然后，通过加速度计、传感器或红外热像仪等设备来测量和记录被测物体的振动响应。

根据振动响应的幅值、频谱分析和共振特性等信息，可以推断出材料或结构的弹性模量、刚度、疲劳裂纹以及可能存在的缺陷，如裂纹、松动或变形等。

2.应用领域

局部激震法广泛应用于以下领域：

（1）材料评估：局部激震法可用于评估材料的弹性模量、刚度和动态性能，例如金属、复合材料、塑料等。通过测量材料的振动响应，可以推断其力学特性和可能存在的缺陷。

（2）结构健康监测：局部激震法常用于结构的健康监测和损伤评估。例如，在建筑物、桥梁、飞机和汽车等结构中，通过施加激振力并测量振动响应，可以检测到隐蔽的疲劳裂纹、松动接头或结构变形等问题。

（3）非破坏性测试：局部激震法可以作为一种非破坏性测试方法，用于评估材料或结构的可靠性和安全性。相比于传统的破坏性测试方法，局部激震法无需对被测物体进行损伤或取样，能够实时监测和评估。

3.优点和局限性

局部激震法具有以下优点：

（1）高灵敏度：通过测量振动响应的幅值和频谱分析，局部激震法可以提供对材料或结构性能的高灵敏度评估。

（2）快速和实时性：这种方法可以快速施加激振力，并通过即时测量和分析振动响应来实时评估材料或结构的性能和缺陷。

（3）广泛适用：局部激震法可以适用于各种材料和结构的评估，包括金属、复合材料、塑料以及建筑物、桥梁、飞机和汽车等结构。

然而，局部激震法也存在一些局限性：

（4）依赖外部条件：测试结果可能受到环境条件的影响，如温度、湿度和噪音等因素。

（5）特定区域测试：由于局部激震法是通过施加激振力在特定区域进行测试，因此无法全面评估整个材料或结构的性能。

（6）操作技术要求：对于准确的测量和分析，需要经验丰富的操作人员并掌握相关的测试和分析技术。

（三）扫描声振检测技术

声谐振检测技术是复合材料构件常用的质量检测方法。声谐振技术实质上是声阻抗的一种特例。它们的共同点是：通过电声换能器激发被测件，并测试以被测件为负载的换能器的阻抗特性。声谐振检测通常可分为两种类型，以频率随时间变化的扫频连续波入射工件和以可调的单一频率的波入射工件。

扫描声振检测技术的基本原理是，检测换能器与被检工件耦合，并用比换能器自然频率低的扫频连续波激励。当此连续波通过被检工件的基频谐振或谐波振动，换能器所承受的载荷要比其他频率大得多，载荷的增加会引起激励交流电流的增加。利用这一现象即可测量谐振频率。

（四）声振检测的应用

1. 蜂窝结构检测

蜂窝结构具有较高的比强度，在导弹、火箭和卫星上得到了广泛的应用，如火箭和卫星的玻璃钢蜂窝整流罩、铝蜂窝仪、艚舱等。由于蜂窝结构件成型工艺复杂，脱黏缺陷是 不可避免的。

检测时，探头激发产生的声波进入被测试件，并使被测点基材振动，接收部分将根据接收信号相位和幅度的差别，即结构所承受谐振力后产生的机械阻抗变化来判断被测件的质量。黏结质量的变化使得阻抗柔顺系数产生很大的变化。通过和标准试样进行对比，结果是在某个频率点上，黏结良好区的相位和幅度与缺陷处有较大的差别，它取决于脱黏的尺寸和蒙皮的厚度。通过机械阻抗分析法，能够检测出单层或多层面板的蜂窝胶结结构中黏结层之间的黏结缺陷。

2. 复合材料检测

复合材料是由两种或更多不同类型的材料组合而成，具有优异的力学性能和轻量化特点，在各个领域得到了广泛应用。为确保复合材料制品的质量和完整性，复合材料检测成为一个重要的环节。复合材料检测旨在评估复合材料的结构、质量和性能，并检测可能存在的缺陷，如裂纹、毛细孔、层间剥离等。这些缺陷或问题可能会对复合材料的强度、刚度和耐久性产生负面影响。复合材料检测方法多种多样，涵盖了物理、化学和机械等方面。常用的复合材料检测方法包括超声波检测、热红外检测、X射线检测、电磁波检测、光学显微检测和拉伸/压缩测试等。这些方法可以单独或结合使用，以增强复合材料的检测准确性和可靠性。

3. 胶结强度检测

胶结强度检测的应用并不限于复合材料层复合板结构，它们能提供树脂结合构件的质量信息。例如，金属板－板（单胶缝）可以检测出内聚黏结质量、腐蚀、黏合与脱黏等情况。

（五）声振检测的研究进展

21 世纪初，人们迎来了又一次声振检测的研究热潮。卡梅隆大学的 Wu Huadong 等人就设计了一种试验方案，分别采集小锤锤击所产生的加速度信号、音频信号以及在复合材料表面所产生的应力信号，并用计算机对这些信号进行简单处理。爱荷华州立大学Peters等人则在RD3（被检测材料因敲击而反作用于锤子的反作用力持续时间：当被检对象完好时，持续时间较短；反之，反作用力的时间将加长）的基础上，发展了一种用于波音飞机复合材料快速检测和扫描的成像系统CATT。2003年，印度的Srivatsan等人对复合材料敲击的数据进行声音采集，并运用神经网络方法进行处理，获得了一定的效果。

在国内，也有部分学者对这种检测方法进行过研究。哈尔滨工业大学的冷劲松等人就在20世纪90年代中运用Cawley等人的方法对配橡胶内侧复合材料板壳进行敲击检测，从应力的时域信号以及频域信号中分辨出不同层的脱粘缺陷。2007年南京航空航天大学的闫晓东在其硕士论文中描述了一种运用敲击检测方法对飞机复合材料结构检测的智能敲击系统。除航空航天领域的复合材料外，建筑物/体也是局部振动检测方法的一个重要应用领域。值得一提的是，也有人将这一方法用于医疗领域以判断胎儿的肺部发育是否 完好。

六、金属磁记忆检测

1997年在美国旧金山举行的第五十届国际焊接学术会议上，俄罗斯科学家提出金属应力集中区－金属微观变化－磁记忆效应相关学说，并形成一套全新的金属诊断技术——金属磁记忆（MMM）技术，该理论立即得到国际社会的承认。这一被誉为21世纪无损检测新技术的检测方法，是集常规无损检测、断裂力学和金相学诸多潜在功能于一身的崭新诊断技术，已迅速在许多国家和地区的企业中得到广泛推广和应用。在现代工业中，大量的铁磁性金属构件，特别是锅炉压力容器、管道、桥梁、铁路、汽轮机叶片、转子和重要焊接部件等，随着服役时间的延长，不可避免地存在着由于应力集中和缺陷扩展而引发事故的危险性。金属磁记忆检测方法便是迄今为止对这些部件进行早期诊断的唯一可行的办法。

金属磁记忆方法（MMM）是一种非破坏检测方法，其基本原理是记录和分析产生在制件和设备应力集中区中的自有漏磁场的分布情况。这时，自有漏磁场反映着磁化强度朝着工作载荷主应力作用方向上的不可逆变化，以及零件和焊缝在其制造和在地球磁场中冷却后，其金属组织和制造工艺的遗传性。金属磁记忆方法在检测中，使用的是天然磁化强度，和制件及设备金属中对实际变形和金属组织变化的以金属磁记忆形式表现出来的后果。

（一）磁记忆效应

机械零部件和金属构件发生损坏的一个重要原因，是各种微观和宏观机械应力集中。在零部件的应力集中区域，腐蚀、疲劳和蠕变过程的发展最为激烈。机械应力与铁磁材料的自磁化现象和残磁状况有直接的联系，在地磁作用的条件下，用铁磁材料制成的机械零件的缺陷处会产生磁导率减小，工件表面的漏磁场增大的现象，铁磁性材料的这一特性称为磁机械效应。磁机械效应的存在使铁磁性金属工件的表面磁场增强，同时，这一增强了的磁场“记忆”着部件的缺陷和应力集中的位置，这就是磁记忆效应。

（二）检测原理

工程部件由于疲劳和蠕变而产生的裂纹会在缺陷处出现应力集中，由于铁磁性金属部件存在磁机械效应，故其表面上的磁场分布与部件应力载荷有一定的对应关系，因此可通过检测部件表面的磁场分布状况间接地对部件缺陷或应力集中位置进行诊断，这就是磁记忆效应检测的基本原理。

（三）磁记忆检测特点

（1）对受检物件不要求任何准备（清理表面等），不要求做人工磁化，因为它利用的是工件制造和使用过程中形成的天然磁化强度；

（2）金属磁记忆法不仅能检测正在运行的设备，也能检测修理的设备；

（3）金属磁记忆方法，唯一能以 1mm 精度确定设备应力集中区的方法；

（4）金属磁记忆检测使用便携式仪表，独立的供电单元，记录装置，微处理器和 4MB 容量的记忆体；

（5）对机械制造零件，金属磁记忆法能保证百分之百的品质检测和生产线上分选；

（6）不能对缺陷的形状、大小和性质进行定量、定性的具体分析，和传统无损检测方法配合能提高检测效率和精度。

七、超声导波检测

当超声波在板中传播时，将会在板界面来回反射，产生复杂的波形转换以及相互干涉。这种经介质边界制导传播的超声波称为超声导波。因为导波沿其边界传播，所以，结构的几何边界条件对导波的传播特性有很大的影响。与传统的超声波检测技术不同，传统的超声波检测是以恒定的声速传播，但导波速度因频率和结构几何形状的不同而有很大的变化，即具有频散特性。

超声导波这种方法采用机械应力波沿着延伸结构传播，传播距离长而衰减小。目前，导波检测广泛应用于检测和扫查大量工程结构，特别是全世界各地的金属管道检验。有时单一的位置检测可达数百米。同时导波检测还应用于检测铁轨、棒材和金属平板结构。尽管导波检测通常被认为是超声导波检测或远程超声波检测，但是从根本上它与传统的超声波检测并不相同；与传统超声波检测相比，导波检测使用非常低频的超声波，通常在 10~100kHz。有时也使用更高的频率，但是探测距离会明显减少。另外，导波的物理原理比体积型波更加复杂。

八、超声波相控阵检测

超声相控阵技术的基本思想是来自于雷达所使用的相控阵技术。相控阵雷达是由多个辐射单元按照一定图形排成的阵列组成的。控制系统通过改变阵列天线中各单元的幅度和相位，在一定空间范围内合成灵活快速的相控雷达波束。

（一）超声波相控阵检测原理

超声相控阵检测基本原理是利用指定顺序排列的线阵列或面阵列的阵元按照一定时序来激发超声脉冲信号，使超声波阵面在声场中某一点形成聚焦，以增强对声场中微小缺陷检测的灵敏度，同时，可以利用对阵列的不同激励时序在声场中形成不同空间位置的聚焦而实现较大范围的声束扫查。

应用相控阵技术，对施加于线阵探头的所有振元的激励脉冲进行相位控制，亦可以实现合成波束的扇形扫描，应用此技术实现波束扫描的 B 型超声波探伤称为高速电子扇扫即相控阵扫描 B 超仪。

超声相控阵是超声探头晶片的组合，由多个压电晶片按一定的规律分布排列，然后逐次按预先规定的延迟时间激发各个晶片，所有晶片发射的超声波形成一个整体波阵面，能有效地控制发射超声束（波阵面）的形状和方向，能实现超声波的波束扫描、偏转和聚焦。它为确定不连续性的形状、大小和方向提供出比单个或多个探头系统更大的能力。超声相控阵检测技术使用不同形状的多阵元换能器产生和接收超声波束，通过控制换能器阵列中各阵元发射（或接收）脉冲的不同延迟时间，改变声波到达（或来自）物体内某点时的相位关系，实现焦点和声束方向的变化，从而实现超声波的波束扫描、偏转和聚焦。然后采用机械扫描和电子扫描相结合的方法来实现图像成像。

（二）超声波相控阵探头

超声波相控阵探头是一种常用的无损检测工具，用于评估材料和结构的内部缺陷或特性。它利用超声波在被测物体中的传播和反射来获取相关信息，并通过电子扫描控制和数据处理来生成图像。

（三）相控阵波束

1.惠更斯原理

相控阵技术是一种用于调控和形成特定方向的超声波波束的方法。它基于惠更斯原理，即波前在传播过程中会沿着最短路径传播。根据惠更斯原理，一个二维波前可以看作由无数个次波源组成。当这些波源发出的波到达接收器时，它们会干涉产生合成波。如果每个次波源的相位和振幅都能够准确地控制，那么合成波就可以聚焦在所需的方向上形成一个波束。相控阵系统通常由一个二维阵列组成，其中包含许多小型的超声发射器和接收器。通过控制每个发射器和接收器的激活时间和相位，可以实现波束的形成和调控。具体来说，相控阵系统中的发射器会按照指定的时间顺序逐个激活，发射超声波信号。当超声波传播到被测物体中时，它们会与被测物体中的界面或缺陷发生反射、散射或折射。接收器会接收到这些反射信号，并将其转换为电信号。

通过测量接收到的信号的相位和振幅，可以推断出被测物体中的反射点的位置和性质。利用这些信息，可以调整发射器的相位和振幅，以实现波束的聚焦和定向。相控阵波束形成原理基于惠更斯原理，通过精确地控制每个发射器和接收器的相位和振幅，从而实现对超声波波束的形状、方向和聚焦点的准确控制。这种可调控的波束能力使得相控阵技术在无损检测、医学成像和通信等领域中得到广泛应用。。

2. 相控阵波束的产生与接收

相控阵技术通过控制每个发射器和接收器的激活时间、相位和幅度，实现对超声波波束的形状、方向和聚焦点的精确控制。下面将详细介绍相控阵波束的产生和接收过程。

（1）波束的产生

①发射器激活：相控阵系统中的发射器按照指定的时间顺序逐个激活。每个发射器发出的超声波信号具有特定的频率和振幅。

②超声波发射：激活的发射器发出超声波信号，这些信号传播到被测物体中。超声波在不同介质之间的边界上会发生反射、散射或折射。

③波前叠加：超声波波前在传播过程中会沿着最短路径传播，并且会受到介质的影响而发生弯曲。当多个发射器发出的超声波到达接收器时，它们会进行叠加，形成一个合成波前。

④控制波前相位：相控阵系统通过控制每个发射器的相位来调整波前的形状和方向。通过改变相位，可以使合成波前在特定方向上聚焦或偏转。

（2）波束的接收

接收器激活：相控阵系统中的接收器按照与发射器相对应的时间顺序逐个激活。每个接收器会转换被测物体反射回来的超声波信号为电信号。

①信号接收：激活的接收器接收到反射信号，并将其转换为电信号。这些信号包含了被测物体的信息，如反射点的位置、幅度和相位等。

②信号处理：接收到的电信号经过放大和滤波等信号处理步骤，以提高信噪比并准确地表示被测物体的特征。

③图像生成：经过信号处理后，可以根据接收到的信号的幅度和相位信息，使用图像重建算法生成一个二维或三维的超声波图像。这样的图像显示了被测物体内部的结构、缺陷或其他特征。

九、TOFO检测

时间油管法（Time of Flight Diffraction，TOFD）是一种常用的无损检测技术，主要用于对焊缝进行缺陷检测和评估。TOFD是基于超声波的原理，通过测量超声波在材料中的传播时间以及缺陷散射引起的超声波能量变化来检测和定位缺陷。

（一）工作原理

TOFD检测使用两个超声波探头，一个作为发射器，另一个作为接收器。发射器会向被测物体发送一束脉冲超声波，而接收器则接收由缺陷反射和散射的超声波信号。焊缝区域，如果存在缺陷（如裂纹或气孔），超声波会遇到这些缺陷并产生散射。接收器将接收到的散射信号转换成电信号，并记录下它们与发射的超声波之间的时间差。通过测量不同接收器对应的时间差，可以计算出缺陷的位置和大小。因为超声波在材料中的传播速度已知，所以根据时间差可以推导出缺陷的距离。

（二）优点与局限性

TOFD检测具有以下优点：

（1）高灵敏度：TOFD可以检测并评估焊缝中非常小的缺陷，如微裂纹和气孔等。

（2）全面覆盖：由于TOFD使用两个探头，因此可以对整个焊缝进行全面的扫描和检测。

（3）定量化分析：通过测量时间差，可以准确地计算出缺陷的位置和大小，为缺陷评估提供了可靠的数据支持。

然而，TOFD检测也存在一些局限性：

（4）对材料要求高：TOFD适用于具有相对均匀结构和低散射噪声的材料。如果材料存在强烈的散射噪声，可能会干扰到缺陷信号的检测。

（5）复杂数据处理：TOFD检测需要对大量的数据进行处理和分析，这可能需要较长的时间和专业的技术支持。

（三）应用领域

TOFD检测广泛应用于许多工业领域，特别是焊接质量控制和缺陷评估方面。它在下列情况下得到广泛使用：

（1）焊接检测：TOFD可用于检测焊缝中的裂纹、气孔和其他缺陷，以确保焊接质量符合标准要求。

（2）管道检测：TOFD可用于检测管道中的腐蚀、裂纹和磨损等缺陷，以确保管道系统的完整性和安全性。

总而言之，TOFD检测是一种非常有效的无损检测技术，可用于对焊缝和其他结构中的缺陷进行定位和评估。它具有高灵敏度和全面覆盖的优点，并在焊接和管道等领域得到广泛应用。[①]

---

① 陈文革.无损检测原理及技术［M］.北京：冶金工业出版社，2019.

第四节　无损检测的发展

一、无损检测在国民经济中的地位和意义

无损检测技术是现代技术科学的一个组成部分。随着现代科学技术的发展，它在国民经济各部门的应用越来越广泛，所起的作用也越来越大。现代工业部门对各种产品的质量、可靠性和安全性的要求也越来越高，如机械制造业、铁路和高速地面运输业、飞机制造业、造船工业、管道工业等等。由于无损检测技术的进步，使之产品质量提高，少出废品，对减少现场事故起着积极的作用。同样，通用电器工业、建筑工业、家具工业及食品工业等，由于采用无损检测技术而获得了好处。在宇航工业中，现代宇宙飞船制造的效率和可靠性在很大程度上已经实现了。这是由于有系统的精密的“可靠性和质量保险”的检查程序来保证。在这些检查程序中，虽然有多种检查方法，但无损检测法却是一个很重要的方面。在国防工业中，战斗机的零部件，武器及炸药的检验等都要应用无损检测。据记载，国际上许多重大事故的发生，如飞机坠毁、船舶沉没、锅炉爆炸和石油管道破坏等，往往是由于材料本身具有缺陷或零件在加工过程中（如铸造、焊接、热处理和机械加工等）产生缺陷造成的。或者说，设备在运行中的事故，多是由于小缺陷发展成为危险缺陷而没有得到及时发现所造成的。

工业发达国家，对无损检测很重视。一个国家的工业发展水平，不仅体现在生产规模和产品种类上，同时也体现在产品质量指标上。高质量的原材料和产品，可节省大量的人力和物力，避免许多不必要的浪费。

高温、高压、高速度、高效率是现代工业的标志，而这是建立在高质量的基础之上的。现在，在工业发达国家，无损检测技术在产品的设计、研制生产、使用部门已被卓有成效地运用。有人说，现代工业是建立在无损检测基础之上的，此并非言过其实之词，美国前总统里根在给美国无损检测学会成立 40 周年大会的贺信中就说过：“你们能够给飞机和空间飞行器、发电厂、船舶、汽车和建筑物等带来更大程度的可靠性。没有无损检测我们就不可能享有目前在这些领域和其他领域的领先地位。”诚然，我们还难以找到其他任何一个学科分支其涵盖技术知识之渊博，覆盖基本研究领域之众多，涉及应用领域之广泛能与无损检测相比。

二、中国无损检测的状况

中国是世界文明古国，对科学技术的发展有过伟大贡献，中国古代科学技术文化遗产中就有不少应用无损检测技术的记载，从中可以看出中国古代早已具有朴素的无损检测科学思想。

在中国先秦时期的《考工记》、《墨经》等著作中，记载着光学、力学和声学的物

理学知识，从而使无损检测的朴素思想可以追溯到远古时代。早在2500多年前，中国春秋时期的齐国有部重要的手工业工艺技术典籍——《考工记》，就记载着当时铜冶炼过程中用无损检测的方法控制铸铜质量内容：“凡铸金之状，金（铜）与锡，黑浊之气竭，黄白次之；黄白之气竭，青白次之；青白之气竭，青气次之，然后可铸也。”这段文字准确地记载了铜冶炼时，通过观察烟气的颜色以确定冶炼的过程，即借助冶炼时烟气的不同颜色来判断被冶炼的铜料中杂质挥发的情况，从而判定铜水出炉的时机。这说明中国春秋时代就有朴素的无损检测技术应用，这与今天的红外测控技术何其相似。

根据声音频率的变化来判断物体内部结构是一种古老的检验方法。在中国明朝时期宋应星所著《天工开物》一书有如下记载：“凡釜，即成后，试法以敲之，响声如木者佳，声有差音则铁质未熟之故，它日易损坏。”这种古老的声音检测方法，在今天质量检测中仍有广泛的应用。

中国无损检测事业正在日益蓬勃发展。无损检测的理念逐步为技术人员、管理人员、操作人员，乃至领导决策人员所广泛接受，而且检测理念从单纯发现缺陷为目的发展到以无损评价和质量控制为目标。无损检测专业队伍日益壮大且素质不断提高。

检测相关理论和新方法、新技术的研究和引进，检测仪器的智能化、自动化、图像化，新型无损检测仪器和器材的研究开发，检测标准化和规范化，销售公司的成熟和实力的壮大，这些方面都紧跟国际上前进的脚步。虽然中国无损检测事业已经取得巨大进步，但就总体水平而言，与发达国家相比还有差距。新技术的研究和应用还不够普及，高级人才和研究生的培养还有较大差距，过度追求近期经济效益而使无损检测相关基础研究和应用基础研究的投入远少于美、日、德等国家。为确保中国无损检测技术的持续发展，这些问题必需引起重视。另一方面，无损检测对象的不断扩大和对无损检测要求的不断提高，提出了许多挑战性的问题。

无损检测的发展水平是国家工业发达程度的重要标志，也是工业产品质量控制的重要技术手段，并且是无可替代甚至还可能有效替代其他检测技术的一种质量控制手段。“中国制造2025”的核心之一就是“质量为先”，无损检测必然是实现工业4.0中不可或缺的技术之一。从目标来看，工业4.0对无损检测的基本要求，主要涉及如下三个方面：

（1）数字化和自动化：这是对检测设备的要求，包括仪器的数字化和设备系统的自动化。

20世纪70年代，德国、法国等发达国家就已经开发和应用了自动化无损检测设备和系统，涉及钢板、环焊缝、直焊缝的自动超声检测，涡流、漏磁、电磁分选的自动化，工业电视的半自动化，自动射线照相机械手等方面。自20世纪80年代开始，国内企业竞相进口了自动化无损检测设备和系统，同时也开始了自主研发半自动化和自动化无损检测设备和系统。与发达国家相比，中国在自动化方面的起步虽然比较晚，但发展速度很快，目前在很多领域已经与发达国家差距不大。

20世纪70年代微机的问世和大规模集成电路的发展，也促进了无损检测仪器设备的计算机化。80年代起，国外陆续推出了各种类型的计算机化无损检测仪器设备，国内也开展了相应的研究和开发。90年代初，有学者就提出了要发展计算机化仪器或数字化仪器。至今，在无损检测仪器数字化进程中，中国基本上与发达国家保持相当的水平。

（2）智能化和无人化：这是对检测方法的要求，包括自动采集、通讯和评价检测结果。

数字化并不是智能化，数字化只是计算机化，并且对操作人员的要求依然很高。自动化也不是无人化，自动化只是在某些场合和某个阶段实现了无人操作。智能化不仅要实现无人操作，还要实现检测结果评价的无人化，就是要实现由机器代替检测人员来做检测并对检测结果做出评价结论，是无损检测全过程无人化。所以智能化的目标就是要开发出傻瓜机（就像数码照相机），可以自动校准和采集数据、实现数据通信、评价检测结果、给出评价结论。这其中需要解决一系列问题，包括如何采集数据、需要采集和处理哪些数据、如何评价检测结果、评价准则或依据是什么等等。

中国对智能化和无人化的开发和应用也在不断进步中，譬如将分析和评价软件应用于自动射线检测、超声检测机械手等，但还远远不够。中国已经开发和应用了很多新方法和新技术，但对检测结果的解释和评价，还是非常地依赖于检测人员的经验，这对于开发傻瓜机、实现智能化检测会是很大的障碍。

（3）标准化和统一化：这是对检测标准的要求，包括术语、方法、人员、机构等各方面。

无论是数字化时代或者电气化时代，还是未来的智能化时代，标准化和统一化都是基础。由于智能化时代将会充分利用互联网，交流面将会更加广阔，所以标准化和统一化将越来越重要，任何不标准或不统一的细节，都有可能会导致不良后果，甚至是障碍和纠纷。

标准是应用无损检测的主要依据，撇开标准就难以有效应用无损检测。因此，无损检测标准化程度，直接影响到无损检测应用的效果。标准化的目标就是统一化。对于无损检测标准化而言，其目标就是要让术语和方法达成统一。但在中国无损检测领域，术语和方法的不统一现象还是比较严重的。在教育与人才培养方面，目前中国已有高等院校正在试办无损检测专业，已有几届毕业生，取得了初步经验，已经和正在培养无损检测技术硕士研究生，并开始培养博士研究生。但由于中国教委专业目录和国务院学位目录中都还没有无损检测这个方向，因此，虽然工业生产部门迫切要求高等院校提供高级无损检测人才，而学校则无法名正言顺地进行培养，更谈不上像国外工业先进国家那样大规模地培养高级专用人才了。

三、无损检测的发展动向及未来预测

当代无损检测最显著的特征是由传统的习惯实验室测试走向现场的自动检测，因此，国外无损检测的发展不仅在于采用新的、复杂的技术方法，也在于由手动检测装置朝着全自动检测装置的方向发展。全自动检测装置，由于检测时间大大减少，消除了手动操作所带来的因人而异的结果，大大提高了检测效率和准确性。从多方面来考虑，尽管这种装置生产成本较高，但在经济上仍是很合算的。因此，国外无损检测技术发展方面的工程设计、电子机械设计、信号处理、信息理论、计算机技术和控制论的进展是很快的。

无损检测的新方法主要有：声发射、红外热图法、质子散射照相法、高压射线照相法、纤维光学、全息照相法或干涉测量法、中子射线照相法、正电子湮灭检测法、图像的识别和合成、计算机处理等。这些新方法的发展体现了无损检测技术领域的不断扩大。另一方面，现有无损检测技术也在发展，即充分改进和利用现有检测技术，使其具有更高的可靠性，并扩大其应用范围。目前，这方面的工作有许多仍处于实验室阶段，如：利用超声速度测量来估计灰口铸铁的强度和铸铁中的石墨含量，利用超声衰减和阻抗测量来确定材料的特性，利用超声衍射、临界角反射率测量形变材料的各向异性、监控损害的危险程度、确定黏结强度、评价复合材料的均匀性和强度、鉴定涂层的黏结质量、测定内应力、估算由于机械负荷、腐蚀等造成的累积损伤及其发展等。在射线方面，一方面是常用的射线照相法的改进，另一方面是高压射线照相法的新发展，如几百万电子伏特的电子回旋加速器、几百万电子伏特的闪光射线照相、高清晰度的质子散射。

从系列化考虑，应该还要发展窄束的γ射线，低能量的X射线显微照相、短寿命的中子源和轻便的同位素探伤仪等。目前把正电子湮灭技术用于无损检测已经着手研究了。由于正电子对早期的机械损伤是敏感的，因而在微观和亚微观区域（如疲劳裂纹范围）的检测是有特殊价值的。它将会打开塑性形变、疲劳损伤、蠕变、放射损伤以及空洞形成的研究领域，提供研究氢脆材料机构中微观气泡形成发展的可能性。又如把穆斯堡尔（Mossbauer）光谱学用于无损检测可测量混合物中各种物相或组成物的相对含量、表面残余应力、表面薄膜结构和厚度等。这些新方法、新原理的采用，以及高度自动化、机械化、数字化和图像显示将使无损检测技术提高到一个新的水平。现有的无损检测技术能成功地说明材料结构和累积损伤的特征还是不多的，这方面还要做许多工作。值得高度重视的问题之一是操作者的疲劳，特别是对于那些从事手工操作的人员来说，尤其如此。应该发展操作简单的机械化装置、使得这种测试更有效、更可靠、更省力。由于自动化和机械化测试不能完全代替现有的手工测试，所以测试工具的改进和评价测试结果的方法就成为一个很重要的问题。

目前，有些无损检测方法在实验室的条件下使用，证明是可行的，但是，在工业现场中或在恶劣条件下使用就不能完成它们的任务，从而失去了设备和方法的可信度，因此，改进设备在各种条件下的可靠性具有重大的意义。总之，当代无损检测技术已经获得了广泛的应用，也越来越引起人们的重视，同时它还需要有坚实的基础理论作它的指导，为了发展它，理论和实践的结合是必不可少的。

第二章　射线检测

第一节　射线检测的物理基础

射线检测的基本原理是，射线源发出的射线经空气传播射入物质中并与物质相互作用，透过物质的射线强度已被衰减，通过某种显式表达方法，如胶片感光成像，使其强度衰减规律显现出来，从而得到物质内部的特征信息。在工业射线检测领域中，射线照相法得到最多应用。当用射线透照被检工件时，如果工件内部存在缺陷如气孔，致使沿射线透照方向上的工件实际厚度减小，从有气孔的部位入射的射线被衰减的程度与无气孔的部位相比较低，其透射射线的强度则相对较大。在射线照相法中，这种因透照厚度变化造成的透射射线强度差被射线照相胶片记录下来，经暗室处理以后，再由其底片的黑度差即反差予以反映，也即底片上较大的黑度对应较大的透射射线强度。根据射线照相底片上这种黑度变化的图像来发现被检工件中存在的缺陷，并据此对其定性定量就是射线照相法的基本原理。如果用荧光屏代替射线照相胶片接收并以光强差来显示工件透射射线的强度变化，即为射线检测的荧光屏法或工业电视法的基本原理。

与同为工件内部缺陷检测方法的超声检测相比较，射线检测的主要优点是：显示工件内部特征客观准确；检测结果显示直观；重复性好；可靠性高；几乎不受材料种类和特性的限制，甚至可以检测放射性材料，通用性强；对检测表面的预处理要求不高；对结构类型没有特殊要求；检测结果可以长期保存等。射线检测的局限性是：检出危害较大的面积型缺陷的能力略低；可检测的工件厚度较小；污染环境；操作不当时易造成人身伤害；检测成本较高；检测工艺较复杂等。

1895 年德国的威廉·康德拉·伦琴发现 X 射线及 1896 年法国的亨利·贝克勒尔发现 γ 射线后的 20 世纪 20 年代，射线检测方法开始得到工业应用。发展至今，射线检测原理基本上没有发生变化。但随着现代电子技术及计算机技术等的飞速发展，射线检测设备的轻量化、小型化，高质量射线胶片及彩色图像的使用，检测技术如射线层析技术、射线检测的仿真技术、数字化照相技术、高速射线照相技术，缺陷自动识别与智能评片系统，检测结果的数据化，检测标准的规范化及检测要求等，均得到了较大的提高和发展。

射线检测的应用领域广泛，不仅应用于航空航天、核工业、兵器、造船、特种设备、机械、电力、冶金、化工、矿业、建筑及交通等工业领域，还应用于安全气囊、罐装食品以及车站、码头及机场等的安全系统中，也应用于纸张、邮票及文件的检测等一些生活领域。除此之外，它还应用于医疗和科学研究领域，如骨折的射线照相诊断、脑肿瘤的射线 CT 诊断等。射线高速照相技术可以用于弹道学，采用 600kV 高速 X 射线系统来透照手枪内弹丸高速运动的情景及研究弹丸击中目标时的情景等。研究爆炸现象，可以监视爆炸过程，如爆炸形成、传播速度和爆炸波强度，以及在固体、液体及气体介质中压缩和冲击波的形成和传播的相关效应等。它可用于研究电弧焊和电子束焊的过程，也可用于研究充液高压动力开关在开启过程中的起弧和熄弧，还可以研究浇注系统设计的合理性及缺陷产生原因等。

中子射线照相应用于航空航天部件、爆炸装置、核控制材料和核燃料等，也用于飞机构件的腐蚀检测和氧化脆化部位的检测，以及检测炸弹、导弹、火箭装置中填充的爆炸物的密度、均匀性和杂质等。在工业应用中，它可用于检测继电器等电子器件是否含有杂物，金属组件中O形橡胶密封圈的存在及位置是否适当，陶瓷中的含水情况，硼在镍基体或钴基体中的扩散情况等。

X 射线层析技术即 X 射线 CT 技术，能逐点测定工件薄层的密度值，当对连续横断面进行比较后可获得三维图像；具有超大面积、低对比度成像分辨力，高质量的对比度分辨率可达 0.02%，比一般的X射线照相法提高近两个数量级；检测具有多样性，大的如火箭发动机，质量为49500kg、直径为2.4m、长为5m，小的如直径为100mm的工件，空间分辨率接近 25μm；检测能力强，精度高，适合于自动检测；改善了成像质量，提高了可靠性。常规的射线照相法可定性但定量不太准确，对工件需给出较高的安全系数；但X射线CT技术可以准确定量，因而可以减小安全系数，提高材料效用。X射线CT技术主要应用于航空航天工业，检测精密铸件的内部缺陷、评价烧结件的多孔性、检测复合材料件的结构并控制其制造工艺。此外，美国肯尼迪空间中心用 CT 技术检测了火箭发动机中的电子束焊缝、飞机机翼的铝焊缝、涡轮叶片内 0. 25mm 的气孔和夹杂物。在核工业中，它用于检测反应堆燃料元件的密度和缺陷，确定包壳管内芯体的位置、核动力装置及其零部件的质量，并用于设备的诊断和运行监测。中子射线 CT 技术还可以用来检测燃料棒中铀分布的均匀性和废物容器中铀屑的位置等。在钢铁工业中，X 射线 CT 技术可用于分析矿石含量及钢材质量的在线检测。例如，美国 IDM 公司研制的 IRIS 系统用于热轧无缝钢管的在线质量控制，25ms 即可完成一个截面的图像，可以实时检测钢管的外径、内径、壁厚、偏心率和圆度等，还可以检测热轧温度、钢管的长度和重量，以及腐蚀、蠕变、塑性变形、锈斑和裂纹等缺陷。在机械工业中，它常用于检测铸件和焊接结构的质量，如检测微小气孔、缩孔、夹杂及裂纹等缺陷，并可用于精确的尺寸测量。陶瓷中的微小缺陷将严重影响其使用，需要检测微米级的缺陷并确定其位置，采用X射线CT技术显得非常重要。在检测氧化锆、三氧化铝及碳化硅等陶瓷材料时，可以准确检测出10～100μm的缺陷和微小的密度分布。在电子工业中，它用于检测多层印制电路板的内部裂纹，检测同轴和带状电缆的金属线的空间分布，以及检测电子附件箱中缺损的组件和封装的微机芯片中的断裂线等。

射线检测一般由射线的产生、在空气中传播、射入物质并与物质相互作用而被衰减、透射射线强度信息的显式表达及检测结果评定等过程组成。本章的总体结构以及各节的内容也将依此组织并进行分析和介绍。

一、射线检测的物理基础

（一）射线的基本性质、获得方法与传播

1. 射线的基本性质

X射线和γ射线与我们所熟知的无线电波、红外线、可见光及紫外线本质上相同，同属于电磁辐射范畴。但X射线和γ射线由于波长短、能量高，因此另有一些特性，其中为射线检测所利用的特性主要如下：

（1）不受电场、磁场的影响，不可见，直线传播。

（2）能穿透可见光不能穿透的物质，其穿透能力的强弱取决于射线能量的高低和被检测物质的密度、厚度等。

（3）有反射、折射、衍射和干涉等现象，但只能发生漫反射而非镜面反射。

（4）能使物质的原子电离，与特定的物质相互作用时可产生光电、荧光、光化以及生物效应。

（5）透过物质以后，其强度会因物质对射线的吸收和散射而衰减，并遵从衰减定律。

2. 射线的获得方法

射线，本质上是辐射现象。有的射线是电磁辐射，如X射线、γ射线及红外射线等；有的射线是粒子辐射，如a射线、β射线及中子射线等。工业射线检测常用X射线和γ射线。

（1） X射线

①X射线的获得。X射线是由高速电子流撞击特定金属靶材而产生的。当高速运动的电子流在其运动方向上受阻而被突然遏止时，电子流的动能将大部分转化为热能，同时有大约百分之几的部分转换成X射线能。技术上，一般是通过X射线管的热灯丝或电子枪产生电子，在管电压或电子加速器作用下使电子加速并轰击靶材，人

为地获得可控的普通X射线或高能X射线用于射线检测。

② X射线谱。X射线的强度与X射线的波长之间的关系称为X射线谱。X射线谱是起始于某一最小波长的基本上呈连续形态的光谱，并在某些特定波长位置处叠加有几个强度非常大的特别波。X射线谱中，呈连续分布形态的部分，称为连续X射线谱；在特定位置处出现的几个强度非常大的波，称为特征X射线谱。

（2） γ射线

①γ射线的获得。γ射线是一种自然辐射现象，可以来自于天然辐射源，如一些矿石；也可以来自于人工放射性同位素。无损检测使用的γ射线是利用给特定物质的原子核注入中子的办法生成的人工放射性同位素的自发蜕变过程而获得的。

②放射性元素的衰变。放射性元素的原子核自发蜕变成为新元素原子核的过程称为放射性元素的衰变。放射性元素的衰变特性是其本身固有的性质，与温度、压力等外界环境条件无关。大量研究结果表明，所有的放射性物质都遵循一个普遍的衰变规律。就给定的放射性物质而言，一定量的放射性物质在单位时间内发生衰变的原子核数目称为该物质的放射性活度或放射性强度，国际单位为贝克（Bq）。

3. 射线的传播规律

辐射点源的辐射扩散面积与辐射距离成平方关系。如果忽略空气对射线的衰减，辐射点源在空气中沿其辐射方向的射线强度衰减，遵守牛顿平方倒数定律，即与其距离的平方成倒数关系。

（二）射线与物质的相互作用及其衰减定律

1.射线与物质的相互作用

射线与物质的相互作用主要有吸收和散射。射线的吸收是指入射光子与被透照物质的粒子碰撞时，光子具有的全部能量都转换为逐出电子的逸出功和逸出后电子的动能，而入射光子本身已不复存在这一过程。射线被物质吸收是一种能量转换，在1MeV以下的能量范围内，吸收效应是物质对射线作用的主要形式。吸收效应的大小与射线本身能量的高低和被透照物质的性质有关。入射射线的能量越高、被透照物质的电子密度和原子序数越小，射线的吸收效应越小。

射线的散射是指入射光子与被透照物质的粒子碰撞时，其传播方向发生改变导致的射线强度减弱。散射射线即散射线是一些偏离了原射线的入射方向，射向其他方向的射线。入射射线的能量越低，被透照物质的电子密度越大，射线的散射效应越显著，透射射线的强度越小。射线与物质的相互作用产生四种物理现象，即光电效应、电子对效应、康普顿散射和瑞 利散射。

（1）光电效应 光电效应是射线被物质吸收而打出外层电子，导致原子离子化。随着发出特征X射线，离子化原子又恢复到中性状态。此低能量特征射线通常被吸收并对成像无贡献。光电效应是小于50keV的X射线被物质吸收的主要形式，而且主要发生在高原子序数材料中。

（2）电子对效应 电子对效应在射线能量大于或等于 1.02MeV（负电子与正电子的静能量之和）时产生，射线能量大于 10MeV 时产生的比例较大。能量足够大的射线光子在原子核附近与物质相互作用，随着射线的消失产生了一对粒子，即负电子和正电子。正电子寿命极短，与负电子发生作用而湮灭，并伴随产生两个 0.51MeV 的γ光子而消失。电子对效应在高能射线射入高原子序数材料时是十分重要的一种吸收形式。

（3）康普顿散射 康普顿散射也称为非经典散射，在射线与电子相互作用时产生，不仅使电子偏离原来的运行轨道，也使射线改变方向并损失能量，因而射线波长变长。

（4）瑞利散射 瑞利散射也称为经典散射、汤姆逊散射，产生于射线光子与整个原子相互作用时，不改变射线能量和物体原子，仅仅使射线方向改变。在射线检测采用的射线能量范围内，瑞利散射往往可以忽略。

射线与物质各种作用的宏观综合结果是射线强度被衰减。

2. 射线的衰减定律

射线的衰减定律是指射线通过介质传播时，其强度随着传播距离增加而逐渐减弱的规律。这个定律可以用贝尔-朗伯定律来描述，即射线强度与介质的吸收系数、传播距离和入射强度之间存在指数关系。常用的描述方法包括线性衰减法、半衰期法和等效厚度法等。射线衰减定律在医学、环境科学和工程等领域有广泛的应用，如放射性物质治疗、辐射剂量计算和环境污染监测等。

（三）射线对特定物质的作用效应

1. 光化效应

透过物质的透射射线强度带有物质内部的特征信息，一般用荧光屏法和胶片感光法来显式表达射线的强度信息，但采用胶片感光的射线照相法在工程中得到了更多的应用。透射射线作用到胶片上，射线光子使乳胶电离。电离产生的自由电子将乳胶层中的特定物质如 AgBr 晶体中的 Ag 还原，也就是胶片的银盐在射线作用下发生化学分解，在片基上形成人眼看不到的所谓“潜像”，是对透射射线强度的隐式表达。

感光后的胶片经过在暗室的显影和定影处理，成为片基上只留下金属银的底片。对着可见光源观察底片，银原子聚集的地方因吸收光线而显得黯黑。胶片上接收的射线越多即曝光量越大，底片上的银原子数量也越多，黑度则越大。由于物质内部的不均匀性导致对射线的衰减程度不同即透射射线强度不同，使得底片的黑度不同，从而形成人眼可识别的黑白图像，进而判断物质内部的特征。即底片上记录了物质内部的特征，是物质内部特征信息的载体。

2. 荧光效应

当射线作用于特定物质如荧光物质时，将产生荧光效应。工业射线胶片对射线的感光能力较差，为了达到标准规定的最低黑度要求，需要较长的曝光时间，从而提高了生产成本、降低了生产效率。荧光增感屏正是利用了射线与荧光物质作用时产生的荧光，使胶片快速感光。

3. 生物效应

当射线作用于特定物质如生物体时，将使得生物体损伤、病变甚至失活，即产生了生物效应。众所周知，紫外线具有杀菌作用或者长期重度照射太阳光将有可能导致皮肤病变甚至皮肤癌。波长比紫外线更短的射线，具有比紫外线更强的生物效应。因此，在射线检测时应充分重视射线对人体辐射的危险，避免人身伤害事故的发生。

第二节　射线检测设备及器材

一、射线机

工业上主要是利用 X 射线和 γ 射线进行射线检测，因此下文仅对 X 射线机和 γ 射线机进行介绍。

（一）X 射线机

1.X 射线机的组成

X 射线机主要由四部分组成，即 X 射线管、高压发生器、冷却系统及控制系统。

X射线管的阴极灯丝产生热电子，在高压发生器提供的高压加速下，电子高速撞击X射线管的钨质阳极靶，在打出X射线的同时产生很多的热量，通过冷却系统对嵌有阳极靶的铜阳极体冷却来保证阳极靶不被熔化，进而保证射线机能够正常发射出X射线。控制系统不仅检测部件的运行状态及提供电路保护，还对高压发生器及冷却系统进行适时控制，并且提供功能键及显示屏等人机交互界面。

2.X 射线管

X射线管的结构决定了其工作原理。X 射线管的焦点和特性曲线与X射线检测工艺直接相关。

（1）X 射线管的基本结构

X射线管是一种电子设备，用于产生X射线。它的基本结构包括以下几个主要组件：

1）阳极（Anode）：阳极是X射线管的正极，通常由金属制成，如钨或铜。当电子流被加速并击中阳极时，它会产生X射线。

2）阴极（Cathode）：阴极是X射线管的负极，通常由热丝（Tungsten filament）构成。通过加热热丝，可以释放出电子，并形成一个由电子组成的电子云。

3）真空管（Vacuum Tube）：X射线管内部有一个真空环境，以确保电子在束流过程中不与空气分子相互碰撞，从而有效地产生X射线。

4）焦点（Focus）：焦点是位于阴极和阳极之间的区域，它有助于将电子束聚焦到一个小区域上，从而增强X射线的产生效率。

5）玻璃或金属外壳（Glass or Metal Housing）：X射线管通常包裹在一个玻璃或金属外壳中，以提供电子隔离和机械保护。

当高压电源施加在X射线管的阳极和阴极上时，阴极会发射出电子，并经由加速器将其加速到阳极。当这些高速电子击中阳极时，它们产生能量并转化为X射线辐射。通过调整电压、电流和焦点等参数，可以控制X射线的强度和能量，以适应不同的应用需求。

（2）X射线管的焦点

X射线管的焦点是位于阴极和阳极之间的区域，它有助于将电子束聚焦到一个小区域上，从而增强X射线的产生效率。具体来说，焦点是阴极发射的电子束经过聚焦装置（如聚束电极或聚焦杯）后，在阳极上形成的一个小区域。

通过适当设计和调整聚焦装置的结构和电场，可以实现以下目标：

1）提高空间分辨率：将电子束聚焦到较小的区域，可以使得由该区域产生的X射线具有更好的空间分辨率，即能够更准确地显示细小结构和细节。

2）增强辐射效率：将电子束聚焦后，能量集中在一个小区域上，从而使得该区域的阳极受到更大的能量输入，进而增强X射线的产生效率。

3）焦点的大小取决于聚焦装置的设计和性能，以及X射线管的工作参数，如电压、电流等。一般来说，焦点越小，空间分辨率越高，但相应地，焦点功率密度也会增加，需要注意热负荷和散热的问题。因此，在实际应用中，需要根据具体需求平衡焦点大小、空间分辨率和热负荷等因素。

（3）X射线管的特性曲线

X射线管的特性曲线是描述其输出X射线强度与输入电压之间关系的曲线。这条曲线通常称为X射线管的工作曲线或输出曲线。

在X射线管中，当施加不同的电压（如管电压）时，会对产生的X射线强度产生影响。经过实验测量和分析，可以得到一个X射线管的特性曲线，该曲线显示了输入电压（例如管电压）与输出X射线强度之间的关系。

一般来说，X射线管的特性曲线有以下几个主要特点：

1）饱和区（Saturation Region）：在低电压下，X射线管的输出强度较低，因为电子无法获得足够的能量以产生高强度的X射线。在饱和区，增加电压不会显著增加输出强度。

2）线性区（Linear Region）：在适当的电压范围内，增加电压将导致输出X射线强度的线性增加。在线性区，输出强度与电压呈正比关系。

3）饱和区（Saturation Region）：当电压继续增加时，输出强度达到一个稳定的最大值，这是因为X射线管已经达到了其最大输出能力。在饱和区，增加电压不会再显著增加输出强度。

特性曲线的形状和特征取决于X射线管的设计和制造参数，如阳极材料、阴极电流和焦点等。通过对特性曲线的分析，可以确定最佳工作条件下的电压设置，以满足具体应用的需求，如医学影像、材料检测等。

3.X 射线机的类型

按照结构组成方式可分为便携式、移动式和固定式。

（1）便携式X射线机

一般是将X射线管、高压发生器及冷却系统封装于一个机壳中，该机壳通过低压电缆与控制系统相连接。便携式X射线机的管电流较小、管电压较低、体积小、重量轻，便于高空或异地射线检测。但由于其射线强度往往较低，因此透照厚度较小，适用于工厂生产过程中的检测。

（2）移动式 X 射线机

移动式X射线机的四个部件分立但均安装于小车上，便于移动到现场或车间进行射线检测。其冷却系统比便携式 X 射线机的冷却能力强，往往采用金属陶瓷X射线管，以避免在移动过程中损伤X射线管，高压发生器与 X 射线管通过一较长的便于移动的高压电缆连接。相比于便携式 X 射线机，移动式X射线机的管电流较大、管电压较高，往往可以产生较强的X射线，可以满足大部分场合的检测厚度要求，适用于工厂生产过程中的检测。

（3）固定式 X 射线机

相比于便携式和移动式，其部件的结构更加合理且功能完善、性能强大，可提供很高的X射线强度，因此可以透照大厚度工件。但它体积大、重量大，仅适用于射线检测实验室。

按照X射线管的辐射角大小，X射线机可以分为定向X射线机和周向X射线机；按照X射线管的焦点大小，X射线机可以分为微焦点、小焦点及常规焦点X射线机；按照X射线管的焦点个数，X射线机可以分为单焦点和双焦点X射线机等。此外，工业用X射线机所产生的X射线的最大有效能量一般为400keV左右，还不能完全满足透照大厚度焊缝的需要。要得到能量在1MeV以上的所谓高能X射线，则应采用电子加速器。电子加速器的种类较多，常见的有电子感应加速器、直线电子加速器和回旋电子加速器等。关于电子加速器，请参考其他相关书籍。

需要注意的是，当使用X射线机进行射线检测时，应严格遵守生产厂家的使用说明。并且，应在规定的额定电流和额定电压下使用，注意加载和冷却周期的规定。注意日常的定期维护保养以及在新安装或长期不使用后重新投入使用时，应按生产厂家建议的程序进行老化训练，以免损坏X射线管。老化训练就是设定不同梯级的管电压，从低压逐级升高电压，在每一梯级上保持一定的时间并观察管电流，如果管电流不稳定甚至突然增大则应迅速降低到下一梯级电压，如此反复直到达到所需要的工作管电压或者是额定管电压。之所以需要老化训练，是因为X射线管必须是高真空度的，否则可能引起高压击穿或者高速电子电离管中的气体产生很大的管电流而造成X射线管的损坏。

（二）γ射线机

γ射线机与X射线机最明显的差别是，X射线机只有加电才辐射X射线，而γ射线机由人工放射性同位素作为γ射线源，无时无刻不在辐射γ射线，与加不加电等无关，并且不能像断电从而停止X射线发射一样地通过断电来关掉γ射线的辐射。

1.γ射线机的组成

γ射线机主要由三部分组成，即γ射线源部件、源容器及输运机构。

（1）γ射线源部件

γ射线源部件由γ射线源、源外壳等构成，γ射线源被密封在源外壳中。源外壳由内层为铝、外层为不锈钢焊制而成，以免轻易拆卸导致放射源的散失，并应保证在外界因素如振动、压力或温度等作用下不发生损坏。

（2）源容器

源容器主要用于安放γ射线源部件，由屏蔽射线效果好的贫铀材料制成，防止非射线检测期间的射线外泄。

（3）输运机构

输运机构用于射线检测时送出和收回γ射线源，一般由手动驱动部件和输运导管组成，电动驱动时还配有控制部件。控制部件可控制γ射线源的移动速度、移动距离及曝光时间等，方便操作并减少检测人员的辐射剂量。γ射线机分为便携式、移动式和固定式，在应用特性和射线性能方面与X射线机的相同类型近似。

2.γ射线源

γ射线源是γ射线机的核心关键元件，无损检测用人工放射性同位素的γ射线源需要满足如下要求：（1）为了满足检测厚度的要求，产生的γ射线应具有足够的能量；（2）为了满足使用期的要求，应具有足够长的半衰期；（3）为了满足检测灵敏度的要求，应具有较小的射线源尺寸，并具有足够大的放射性活度；（4）为了满足人员安全的要求，应具有使用安全、便于处理的特点。

二、射线检测过程器材

在射线检测过程中，除了需要有射线机之外，往往还需要想质计、工业射线胶片、增感屏及标记等检测器材。

（一）像质计

在射线照相时，像质计与工件均在底片上成像。通过像质计影像的可识别程度，可以判定检测人员射线透照技术和暗室处理技术的优劣，也可以测定射线照相的灵敏度，进而判定底片的影像质量。国际上，主要有三种类型的像质计，即线型、孔型和槽型，孔型又可分为平板孔型和阶梯孔型。中国、日本和德国等大多数国家主要使用线型像质计，美国习惯使用孔型像质计、俄罗斯习惯使用槽型像质计，但均允许使用线型像质计。

1.线型像质计

线型像质计是一种用于评估X射线成像系统图像质量的测试工具。它也被称为线对比度条（line-pair pattern）或线网（line-grid）。线型像质计通常由若干平行线组成，这些线具有不同的间距和宽度。它们可以精确地显示出系统的空间分辨率和对比度性能。

通过将线型像质计放置在接受X射线照射的成像系统中，可以进行以下评估：

（1）空间分辨率：通过观察线型像质计上的最小可分辨线对，可以确定系统的空间分辨率。较高的空间分辨率表示系统能够更好地区分细小结构和细节。

（2）对比度：线型像质计上的不同线对之间的对比度差异可用于评估系统的对比度性能。较高的对比度表示系统能够更好地显示物体之间的灰度差异。

（3）锐度和畸变：观察线型像质计上的线是否呈现清晰、直线和无扭曲的特征，可以评估系统的图像锐度和畸变情况。

线型像质计广泛应用于医学影像学、工业检测和安全检查等领域的X射线成像系统质量控制和调试中。它能够提供客观的定量指标，帮助评估和优化X射线成像系统的性能，以确保获得高质量的图像。

2.阶梯孔型像质计

阶梯孔型像质计（Step-Wedge Image Quality Indicator）是一种用于评估X射线成像系统图像质量的测试工具。它通常由一组具有不同厚度的金属块组成，这些金属块排列成阶梯状。

阶梯孔型像质计的主要目的是评估系统在不同物质密度和厚度下的对比度和灰度响应。在拍摄过程中，X射线通过阶梯孔型像质计时，每个金属块会产生不同的吸收和散射效应，从而呈现出不同的亮度级别或灰度值。

通过分析和比较阶梯孔型像质计图像中不同区域的灰度值，可以进行以下评估：

（1）对比度：观察不同金属块之间的灰度差异，以评估系统的对比度能力。较高的对比度表示系统能够更好地显示物体之间的密度差异。

（2）灵敏度和曝光范围：通过观察最浅和最深部分的细节可见性，可以评估系统的灵敏度和曝光范围。良好的灵敏度和曝光范围意味着系统能够显示广泛的密度范围，并正确捕捉细节。

（3）线性性：比较不同厚度金属块的灰度响应，可以评估系统的线性响应。较好的线性性表示系统能够根据物体的密度变化准确地反映输出灰度值的变化。

阶梯孔型像质计常用于X射线成像系统的校准、质量控制和调试过程中。它提供了定量的图像评估指标，有助于优化系统参数和确保获得高质量的X射线图像。

3.像质计的局限性

像质计在评估X射线成像系统图像质量方面是有用的工具，但它也存在一些局限性：

（1）简化模型：像质计通常采用简化的几何结构或材料模型来模拟真实物体。这可能无法完全反映实际应用中的复杂场景和不同组织类型的变化。

（2）单一参数评估：像质计主要关注特定参数（如对比度、分辨率等）的评估，但它不能提供全面的图像质量信息。其他因素，如噪声水平、伪影、伽马校正等，在某些情况下也需要考虑。

（3）平面测试：像质计往往是通过放置在平面上进行测试的，而真实世界中的应用往往涉及到三维空间和不同的投影角度。因此，像质计评估的结果可能无法完全代表实际成像条件下的图像质量。

（4）人为操作：使用像质计进行测试需要人为操作，包括放置、定位和曝光设置等。这意味着结果可能会受到操作员技术水平和主观因素的影响。

（5）动态场景：像质计主要适用于静态场景下的图像质量评估，而对于动态场景（如运动物体或心脏血流）的评估可能有限。

尽管存在这些局限性，像质计仍然是一种重要的工具，可以提供定量和客观的指标来评估X射线成像系统的基本图像质量特征。在实际应用中，综合考虑像质计结果、临床需求以及其他辅助评估方法，可以更全面地评估图像质量并进行系统优化和调整。

（二）工业射线胶片

为了与普通民用照相胶卷及与医用射线照相胶片区分，工业上射线照相检测专用的胶片称为工业射线胶片。它一般是在醋酸纤维片基的单侧或两侧粘有由明胶和均匀混入其中的银盐颗粒构成乳胶层，并在乳胶层表面附有防止损伤的保护涂层。

1.胶片特性曲线

工业射线胶片是一种用于检测和记录X射线或伽马射线的辐射剂量和成像质量的传统成像介质。它通常由感光层、支持基底和防护层组成。

胶片特性曲线描述了工业射线胶片的感光响应和成像质量与辐射剂量之间的关系。该曲线显示了胶片对不同辐射剂量下的曝光程度的响应，并可以提供以下信息：

（1）对比度范围：特性曲线反映了胶片在不同曝光水平下的对比度能力。通过分析曲线上的斜率和曲线形状，可以了解胶片在不同剂量区间内的对比度范围。

（2）线性响应：在工作曲线的线性区域，胶片的灰度响应与辐射剂量呈线性关系。这意味着辐射剂量的增加会导致灰度值的相应增加。线性区的宽度和斜率表明了胶片在不同辐射剂量范围内的线性响应能力。

（3）阈值：胶片特性曲线还展示了胶片的最低曝光阈值。低于该阈值的曝光对胶片而言可能无法产生可观察的图像信息。

特性曲线的形状和特征取决于工业射线胶片的种类、品牌和配置，以及使用的辐射设备和成像参数。根据特性曲线的分析，可以优化曝光条件和处理方法，以获得高质量的成像结果和适当的辐射剂量。

2. 工业射线胶片系统的类型

工业射线胶片系统主要分为以下几种类型：

（1）射线胶片：传统的工业射线检测方法之一，使用感光胶片记录射线通过物体后的影像。射线胶片可以在暗室中冲洗和显影，然后进行观察和评估。

（2）数字射线成像系统：近年来，随着数字技术的发展，数字射线成像系统逐渐取代传统射线胶片系统。它使用数字探测器（如固态探测器）或闪烁屏幕等设备，将射线通过物体后的影像转换为数字信号，然后通过计算机处理和显示。

（3）直接数字成像（DDA）系统：DDA 系统是一种特殊的数字射线成像系统，它直接将射线通过物体后的影像转换为数字信号，无需使用感光胶片或间接转换过程。它通常采用固态探测器阵列作为接收装置，并能够实时获取高质量的射线影像。

这些工业射线胶片系统的选择取决于具体应用需求、预算限制、灵活性要求以及对图像质量和操作效率的要求。随着数字技术的进步，数字射线成像系统越来越受欢迎，但射线胶片仍然在某些特定应用领域中得到使用。

（三）增感屏

在射线照相检测中，由于射线穿透物质的能力强，因此工业射线胶片对射线的感光能力弱。为了缩短曝光时间、提高检测生产率，在对工件进行射线照相检测时，有时需要采用增加感光的器材，即增感屏。根据增感原理的不同，增感屏可分为金属增感屏、荧光增感屏和金属荧光增感屏等。

1. 金属增感屏

金属增感屏是将金属箔紧密黏结在支承物上构成或将金属片直接作为增感屏。金属箔的支承物可以是硬纸片或塑料片等。根据金属箔的材料种类，金属增感屏分为钢屏、铜屏、铅屏、钽屏和钨屏等，所采用的金属材料的纯度应大于或等于99.9%。

其中，最常用的是铅屏。在射线能量超过 80keV 的同一照相规范下，相比于无增感屏的情况，使用金属增感屏的曝光时间可缩短 2~5 倍。

金属增感屏之所以能够在保证底片黑度的前提下缩短曝光时间，是因为其原子被射线电离后逸出的二次电子加速了胶片上银盐的还原。金属增感屏长和宽的尺寸一般与所采用的胶片尺寸相同。金属增感屏的厚度是指金属箔或片的厚度，支承物的厚度应小于或等于1mm。

金属增感屏的表面应光滑、清洁且平整，金属箔或片的表面不应有肉眼可辨的孔洞、划痕、擦伤、皱纹、油污及氧化等。

2. 荧光增感屏和金属荧光增感屏

荧光增感屏是把能发出荧光的盐类，如 $CaW0_4$，涂覆在对射线弱吸收的非金属材料基底上，并在表面涂覆保护层而制成的增感器材。其增加感光的原理是在射线激发下荧光物质发出的可见荧光对胶片快速曝光。

金属荧光增感屏，与荧光增感屏相似，仅是将基底材料替换为金属而制成。其增加感光的原理兼有金属增感屏和荧光增感屏对胶片的增感作用。

与无增感的情况比较，荧光增感屏可以把曝光时间缩短几十倍之多，金属荧光增感屏的增感效果也远较金属增感屏显著。但是，上述三种增感屏在增加感光的同时，也不同程度地降低了底片影像的清晰度。

需要说明的是，射线照相中使用到的暗盒，实际上是射线胶片和增感屏的组合，即在暗室中将工业射线胶片或者是工业射线胶片和增感屏一并放入黑色塑料袋中，包扎密闭后拿出暗室并进行射线照相检测。由金属增感屏的增感原理可知，金属增感屏的金属箔一面应朝向胶片，并且应紧贴胶片。

（四）标记

为了记录检测日期、工件信息等识别信息及透照中心等定位信息，需要在射线照相检测时放置标记，以便在照相底片上做出永久性的标识作为底片复查和重新定位的依据。标记一般由适当尺寸的铅质或其他适宜的金属材料的数字、字母和符号组成，以便这些标记在底片上成像。底片上标记的影像，一方面要清晰可辨，一方面要不至于产生眩光，以免对底片的评定带来不良影响。所采用的标记的材料和厚度，一般是根据被检工件的材料和厚度来选定。标记可以分为两大类，即识别标记和定位标记。

识别标记一般可包括设备编号、产品编号、部位编号、焊缝编号、焊工编号、检测人员编号和透照日期等内容，返修后的透照应有返修标记R1、R2等，扩大检测比例的透照应有扩大检测标记 K3、K5 等。

（五）滤光板

滤光板是一种用于调节或选择特定波长范围的光线通过的光学装置。它由具有特定光学属性的材料制成，可以在光线传播过程中吸收或透过特定波长的光。滤光板的主要作用是控制光的颜色、强度或频谱分布，以满足特定应用的需求。它可以用于改变光的颜色效果、筛除或增强特定波长的光线，或者调整光线的亮度和对比度等。根据不同的应用要求，滤光板可以有多种类型和特性。

射线检测过程中使用的一些常见器材包括：

1.X射线机

用于产生X射线束的设备，通常由X射线管和高压发生器组成。

2. 检测器

用于接收并测量通过物体后的射线强度的设备。常见的检测器包括闪烁探测器、电离室和固态探测器。

3. 显示器

用于显示射线检测结果的设备，可以是计算机屏幕或专门的显示器。

4. 数据处理系统

用于采集、记录和处理射线检测数据的系统，通常包括计算机和相关软件。

滤光板是一种用于调整射线束的光谱成分和能量的装置。它通常由具有特定吸收特性的材料制成，可以在射线束通过之前或之后将特定能量范围的射线过滤掉。滤光板的选择取决于所需的射线能量和应用场景。常见的滤光板材料包括铝、铜、铝氧化膜等。

（六）管材环向对接焊缝对比试块

管材环向对接焊缝对比试块是用于评估和比较不同焊缝质量的标准试样。它通常由与管道相同或类似的材料制成，具有一定尺寸和形状。这种对比试块的主要目的是通过比较焊缝的外观和缺陷来判断焊接质量的好坏。典型的对比试块会包括多个焊缝，每个焊缝代表了特定的质量水平或焊接参数。在对焊接进行检测时，将待检焊缝与试块上的焊缝进行对比，以确定待检焊缝是否符合质量要求。

对比试块上的焊缝可能包括各种常见的焊接缺陷，如咬边、气孔、裂纹、未焊透等。通过观察和分析试块上的焊缝，焊接人员或检验人员可以判断出待检焊缝的质量问题，并采取相应的措施进行修补或改进。管材环向对接焊缝对比试块在管道工程、船舶建造、石油化工等行业中被广泛使用。它们帮助保证焊接质量的一致性和符合标准要求，提高焊接工艺的可靠性和可重复性。

三、射线检测后处理器材

对工件的射线透照结束后，需要对感光胶片进行显影、定影及烘干等暗室处理，然后进行底片质量检验及缺陷评定。

（一）观片灯

观片灯是用于观察底片影像并识别缺陷的光源装置，尤其在无损检测中广泛应用。符合GB/T 19802《无损检测 工业射线照相观片灯 最低要求》的观片灯应满足以下要求：

1.光源

观片灯应使用高亮度、均匀且稳定的光源，通常采用白色光源或特定颜色光源，并能够提供足够的照明强度。

2.可调节性

观片灯应具备调节照明强度和颜色温度的功能，以适应不同底片类型和检测需求。

3.均匀性

观片灯的照明区域应具备良好的均匀性，避免出现明暗差异或阴影，以确保底片影像的准确观察和评估。

4.防眩光设计

观片灯应具备有效的反射和散射措施，以减少眩光的产生，提高观察者的舒适度和观片效果。

5.尺寸和结构

观片灯的尺寸应适中，结构坚固且易于操作，同时考虑到便携性和安全性。

首先，应可以观察不同尺寸的底片。为了避免观察小尺寸底片时，底片未能遮盖的观察屏区域的强光干扰检测人员对底片影像的观察，观片灯的有效观察屏的大小应可调。其次，观片灯的亮度应满足评片的要求并可调节。最后，观片灯的光的颜色通常为白色，并且光照的均匀性要好等。

（二）黑度计

黑度计是一种用于测量物体表面的黑度或光吸收程度的仪器。它可以通过测量光线经过物体表面后被吸收的程度来确定物体的黑度。常见的黑度计工作原理是使用一个光源照射在物体表面上，并使用光散射或反射的原理来测量光线的强度。黑度计将测量到的光强度与参考材料或标准比较，然后以数值形式表示物体的黑度。黑度计广泛应用于纸张、涂料、塑料、纺织品、陶瓷等行业中，以评估材料的表面质量和色彩特性。它通常具有数字显示屏和可调节的测量范围，能够提供精确的黑度测量结果。

（三）标准密度片

标准密度片也被称为标准黑度片，它们是一系列具有已知密度值的参考样品。这些片子通常由特定材料制成，其密度范围从较浅到较深可以涵盖不同的光吸收程度。标准密度片用于校准和调整黑度计的准确性。通过将黑度计测量的结果与标准密度片上已知密度值的参考进行比较，可以确定黑度计的测量偏差并进行校正。这帮助确保黑度计在测量物体黑度时提供准确可靠的结果。在使用标准密度片进行校准时，可以按照不同的黑度级别选择适当的标准密度片。通常会使用一个系列的标准密度片，覆盖所需的黑度范围。根据黑度计的规格和要求，使用者可以按照标准程序将黑度计校准到正确的测量范围。

标准密度片在工业、印刷、纺织、图像处理等领域中被广泛使用，以确保黑度计的准确性和可靠性，从而获得可重复的测量结果。

第三节 射线检测工艺

检测工艺主要是对检测过程的方法、技术和参数做出正确和准确选择。制订工艺要遵循技术上的适宜性和经济上的合理性。

该节主要是介绍射线照相法的检测工艺，工业电视法及X射线的CT检测方法等的射线检测工艺与射线照相法有较大差别，请参考相关的专业书籍。射线照相法所有的具体检测工艺，均是为了高效地得到高质量的射线照相底片。衡量射线照相质量的两个指标是清晰度和对比度。简单而言，清晰度就是底片上影像黑度与邻近区域黑度的渐变宽度，对比度就是底片上影像与邻近区域的黑度差。在五种常规无损检测方法中，射线检测的工艺变量最多，主要包括：射线源的尺寸，射线能量，工件的材料种类、密度及厚度，胶片类型，胶片冲洗程序，底片黑度，增感屏的类型及厚度，曝光时间，射线源到工件的距离，工件到胶片的距离，以及射线源和工件是否相对运动等。实际上，如果从质量管理的角度来看，应该对射线检测实施的各个环节进行质量控制方可得到一张质量优良的射线照相底片。

一、检测前的准备

经常性的射线照相检测项目的前期准备，主要是对工件进行必要的处理、射线辐射安全防护及设备和器材的常规检查等。另外，一个全新的射线照相检测项目的前期准备，往往应确定出具体的检测工艺，包括检测技术等级的确定、射线源的选择、射线能量的选择、曝光量的确定、焦距的确定、胶片及增感屏的选用以及屏蔽散射线的措施等，并编制出射线检测工艺规程和射线检测操作指导书，用以指导经常性的射线检测工作。

（一）检测技术等级的确定

在射线照相检测中，根据底片上显现的缺陷影像对工件内部质量做出合理评价的前提是：射线照相的底片必须具有合格的影像质量。一般而言，缺陷影像的黑度波动越小，轮廓越清晰，相对于背景的反差越大，也就是清晰度和对比度越高，则底片的影像质量越好。在难以分辨出底片上的缺陷影像时，首先需要确认的是工件内部确实没有缺陷，还是由于底片的影像质量太差以至于不能有效地显示出缺陷。为了解决这样的问题，同时也是为了有效地控制影响底片影像质量的透照工艺条件，就需要在一个统一的标准上对射线照相底片的影像质量做出评价，射线检测工程上主要的评价指标是底片的黑度和像质计数值。无论是黑度还是像质计数值，均是透照技术的综合作用结果，是评价底片影像质量的高低和透照技术优劣的比较可靠的指标。

1.检测技术等级

射线检测技术等级是指在射线检测领域中对从业人员的技能和知识水平进行分类和评估的体系。它旨在确保在进行射线检测任务时，操作者具备适当的技术能力和经验，以提供准确、可靠的检测结果。

常见的射线检测技术等级体系基于美国无损检测学会（ASNT）的标准，包括以下几个等级：

（1）一级技术（Level I）：一级技术人员是射线检测中的初级操作者，他们执行基本的任务和例行工作，如设备操作、曝光、胶片处理等。一级技术人员通常需要经过培训，并在监督下工作。

（2）二级技术（Level II）：二级技术人员具有更高级的技能和知识，在射线检测中担任更复杂的任务。他们可以进行设备校准、缺陷评估、数据分析以及编写检测报告等工作。二级技术人员通常需要经过更深入的培训和考试，获得相关资质认证。

（3）三级技术（Level III）：三级技术人员是射线检测中的专家级人员，具有深入的理论知识和广泛的实践经验。他们负责制定和审核检测程序、提供技术指导、解决复杂问题以及培训其他技术人员等职责。三级技术人员通常需要通过更高级别的资格认证，如ASNT Level III认证。

射线检测技术等级体系的实施有助于确保在射线检测领域中的操作者具备适当的技能和知识，以提供准确、可靠的检测结果。这种等级划分也为行业提供了一种基准，用于评估和选择合适的人员进行射线检测任务。

射线检测技术等级的选择，首先要根据相关的法规、规范、标准和设计技术文件来确定，同时应满足合同双方商定的具体技术及质量要求。

2.黑度

在射线检测工艺中，"黑度"是指射线胶片上缺陷所产生的暗区或黑影的程度。当射线通过被检测物体时，会因为物体材料的厚度、密度或组织结构等因素的变化而产生不同程度的吸收或散射。这些变化会在射线胶片上形成相应的暗影或黑影。黑度的程度可以反映出被检测物体内部的结构、缺陷或异常情况。一般来说，更明显的黑度表示更大或更密集的缺陷存在。通过对黑度的观察和分析，检测人员可以确定是否存在缺陷，并评估其大小、位置和类型。

在射线检测中，黑度通常与射线胶片的密度值相关。胶片的密度值是指光线透过胶片时被吸收的程度，与胶片上形成的黑度呈正相关关系。较高的密度值表示较深的黑度，即更明显的缺陷。通过对黑度的定量测量和分析，可以进行射线检测结果的定性和定量评估。这有助于判断被检测物体的质量状况，确定是否符合相关标准和要求，并采取适当的措施进行修复或处理。

3.像质计数值

根据GB/T 3323-2005《金属熔化焊焊接接头射线照相》标准规定，像质计数值是指在底片上可识别出的线型像质计影像最细线的线径或线号，或者阶梯孔型像质计影像最小孔的孔径或孔号。这个值用于评估射线照相中缺陷的大小和清晰度。通过测量线型像质计影像最细线的线径或线号，或者阶梯孔型像质计影像最小孔的孔径或孔号，可以确定图像中缺陷的尺寸，并与标准要求进行比较判断。像质计数值的测量需要依靠适当的测量工具和技术，在标准规定的条件下进行。这样可以确保测量结果的准确性和可比性，从而对焊接接头的射线照相结果进行有效的分析和评估。

（二）工件处理及缺陷预判

1.工件处理

如果射线检测标准有规定，则应按其规定对工件进行处理。如果没有，则可按如下要求处理：工件不平整一般应矫平，以保证胶片紧贴工件。例如：平板对接焊时，如果发生较大的焊接角变形，则应经压力机矫平后再进行射线检测。另外，如果存在焊接飞溅颗粒、焊缝波纹过大或工件表面过于粗糙等，以工件的不良表面影像不遮蔽或混淆于缺陷为标准，采用适当的机械加工方式进行修整后再进行射线照相检测。

如果工件形状导致透照部位的厚度差别较大，可以采用双胶片透照工艺或添置补偿块的办法使得全部透照部位的黑度相近。

2. 缺陷对成像的影响

缺陷的类型、位置、形状、尺寸、取向、数量及分布特点等对成像质量有较大影响，有时成像反差过小造成人眼难以识别甚至难以检测出而造成漏检。因此一般要在检测之前，根据具体的材料及其成型工艺特点并结合具体的检测工艺、缺陷产生原因及检测经验等，对缺陷的类型、位置、形状、尺寸、取向、数量及分布特点等进行预判，这将决定所采取的具体的射线照相检测技术的细节，如透照方向、焦距的确定等。

（1）缺陷的类型

在射线检测工艺中，缺陷的类型对成像有不同的影响。以下是一些常见的缺陷类型：

①疏松缺陷：疏松缺陷如气孔、气泡等会产生散射和吸收射线，导致胶片上出现模糊或暗影区域。

②裂纹：裂纹会使射线发生散射并改变传播路径，从而在胶片上形成明显的黑色或白色条纹。

③夹渣：夹渣可引起射线的散射和吸收，导致胶片上出现灰暗或深色斑点。

④缩孔和收缩缺陷：这些缺陷可能在射线通过时产生散射和吸收，呈现为胶片上的不均匀或模糊阴影。

⑤金属结构的不均匀性：不均匀的晶粒尺寸、晶格取向或相分布可能导致射线的吸收和散射变化，从而在胶片上形成不均匀的暗影或亮度区域。

对于这些缺陷，检测人员需要根据经验和技术知识分析成像结果。通过观察和解读胶片上的缺陷特征，可以预测和识别工件中潜在的缺陷问题，并采取适当的措施进行后续处理和修复。

（2）缺陷的形状

在射线检测工艺中，缺陷的形状对成像有不同的影响。以下是一些常见的缺陷形状：

①点状缺陷：点状缺陷如气孔、夹杂物等通常表现为在胶片上的小圆点或亮斑。

②线状缺陷：线状缺陷如裂纹、夹渣链等会在胶片上形成细长的暗影或亮线。这些线可能具有直线状、弯曲状或分叉状等形态。

③表面缺陷：表面缺陷如凹陷、划痕等通常呈现为胶片上的明显黑色或白色区域，与周围材料形成对比。

④体状缺陷：体状缺陷如缩孔、收缩等可能在胶片上显示为不规则的阴影区域，其大小和形态取决于缺陷的尺寸和几何形状。

⑤块状缺陷：块状缺陷如未熔合、错位等会产生较大的暗影区域，可能呈现出不规则的形状和边界。

不同形状的缺陷在胶片上呈现出特定的视觉特征，通过对这些特征的观察和分析，检测人员可以预判缺陷的类型、大小和位置。这有助于进行合适的工件处理和决策，以确保产品质量和安全性。

（2）缺陷的取向。

在射线检测工艺中，缺陷的取向也会对成像产生影响。以下是一些常见的缺陷取向：

①表面缺陷的取向：表面缺陷如凹陷、划痕等通常与工件表面平行或近似平行。这些缺陷在胶片上呈现为明显的黑色或白色区域，并且与周围材料形成明显的对比。

②线状缺陷的取向：线状缺陷如裂纹、夹渣链等可能具有不同的取向。它们可以沿着特定方向延伸，如水平方向、垂直方向或呈斜角。

③体状缺陷的取向：体状缺陷如缩孔、收缩等在胶片上的取向取决于其在工件内部的位置和方向。它们可能呈现出不同的形态和空间分布，与胶片的观察角度相关。

④块状缺陷的取向：块状缺陷如未熔合、错位等可能具有不同的取向，取决于缺陷的几何形状和朝向。这些缺陷在胶片上呈现出较大的暗影区域，并且可能具有不规则的形状和边界。

缺陷的取向对成像的影响在于它们与射线的相互作用方式。根据缺陷的取向，检测人员可以观察和分析胶片上缺陷的特征，以预判缺陷类型、大小和位置。这对于判断工件的质量和可靠性非常重要，并支持后续的工件处理和决策。

（三）射线源及射线能量的选择

1.射线源的选择

射线源的选择需要考虑诸如射线源的特点、透照厚度、工件材料种类、检测场所、影像清晰度及工件形状特点等因素。

（1）射线源的特点。主要是选择X射线还是γ射线来进行检测的问题。相比于X射线机，γ射线源的优点如下：

① 能量高因而穿透厚度大。

②设备体积小、重量轻。

③设备成本低且运行维护费用低。

④不需要用电，适宜于野外作业。

⑤ 对简体或球壳类焊接接头等进行周向或全景曝光时，工作效率很高。

⑥ 由于射线源很小，可用于狭长、细小部位等特殊检测场合。

其缺点如下：

① 对设备的可靠性和防护性能要求较高。

②射线能量不可人为调节。

③固有不清晰度大、对比度较小，检测灵敏度一般较低。

④射线强度随时间发生变化，对制订工艺不便甚至有时造成曝光时间过长。

（2）透照厚度

射线必须对工件具有足够的穿透力，所以射线的透照能力是选择射线源时最主要的考虑因素。X射线的透照厚度主要取决于管电压，管电压越高则透照厚度越大。普通X射线即非高能X射线的透照厚度的上限一般是100mm。γ射线的透照厚度取决于γ射线源的种类及检测技术等级要求。

（3）工件材料种类

一般而言，γ射线尤其是Ir192和Co60，与X射线的影响相比更不清晰，透照铝及铝合金这类影像质量比较难保证轻合金时，应尽量采用X射线进行检测。

（4）检测场所

γ射线是自然辐射而X射线必须有电源，所以在野外或施工现场检测时，γ射线源更方便。另外，γ射线不受高温、高压或高磁场的影响，而X射线的产生过程将受到其严重影响，所以在高温、高压或高磁场的场合检测只能选择γ射线源。

（5）影像清晰度

在射线照相检测时，射线源的焦点越小则影像越清晰，所以，当要求较高的射线检测技术等级时，无论是X射线检测还是γ射线检测，往往应选用具有小尺寸焦点的射线源。而且，由于X射线检测比γ射线检测的清晰度更高，因此应首选X射线检测。

（6）工件形状特点

γ射线源小巧轻便，可以用传输管伸入到工件的狭长部位进行检测，而X射线机则几乎不可能。另外，γ射线源是球面360°辐射，所以非常适合一次性检测球壳类工件或是环形工件，如管道对接环缝的一次性检测。X射线管有周向辐射形式的，也可以用于一次性检测环形工件。但一般而言，X射线不能实现对球壳类工件的一次性检测。

2.射线能量的选择

当γ射线源确定后，其射线能量是不可人为调整的，也就不可能存在射线能量的选择问题，只能选择不同的γ射线源。因此，所谓的射线能量的选择主要是针对X射线的能量。

X射线能量选择的基本原则是：在保证穿透厚度的前提下，应选用较低的管电压，以保证底片较高的影像对比度。从后面的分析可以看出：软射线影像质量更好，这正是选用较低管电压的原因所在。

但是，并不是管电压越低越好。如果X射线的能量过低，则到达胶片上的射线强度过小，造成底片黑度难以满足标准要求，而且增加曝光时间、降低检测效率，还有可能增加散射线。不仅如此，当采用过低的X射线能量进行透照，对透照厚度的宽容度较小，即当采用较低能量的 X 射线透照时，较小的透照厚度差的变化将带来较大的黑度差，有可能使得工件某部位的黑度超出标准允许的黑度范围。承压设备射线检测标准规定：透照厚度差别大的工件，在保证透照灵敏度的前提下，允许采用超过相关规定的管电压。但是对于钢、铜及铜合金、镍及镍合金，增量不应超过 50kV；对于钛及钛合金，增量不应超过40kV；对于铝及铝合金，增量不应超过 30kV。

（四）曝光量的确定

在射线检测中，曝光量定义为射线强度与透照时间的乘积。由有关胶片特性的讨论可知，曝光量直接影响底片的黑度。为使底片黑度满足标准规定的要求，就必须控制好作用到胶片上的曝光量。

1.X 射线照相检测时曝光量的确定

确定X射线照相检测时的曝光量是确保获得清晰且高质量成像的关键因素。以下是一些确定X射线照相曝光量的常见方法：

（1）标准曝光图表：使用标准曝光图表可以帮助确定适当的曝光量。这些图表提供了不同材料和厚度的参考曝光值，根据待测工件的材料和厚度，可以选择对应的曝光量。

（2）先验经验：经验丰富的检测人员可能基于过去的经验来确定曝光量。他们通过观察并分析类似工件的成像结果，以及缺陷的可见性和对比度，来估计适当的曝光量。

（3）质量控制样板：在一些情况下，可以使用质量控制样板来确定曝光量。这些样板上通常有已知缺陷和参考尺寸，通过调整曝光量直到能够清晰显示预定缺陷，并符合要求的尺寸范围，从而确定合适的曝光量。

（4）试验曝光：在初次进行X射线照相检测时，可以通过进行试验曝光来确定合适的曝光量。通过逐步增加或减少曝光量，并观察成像结果的清晰度和缺陷可见性，以找到最佳的曝光量。

（5）工艺规范和标准：根据特定行业或应用领域的工艺规范和标准，可能已经规定了曝光量的范围或指导。按照这些规范和标准进行曝光量的确定，可以确保符合行业要求。

在确定曝光量时，需要考虑工件的材料、厚度、形状、缺陷类型和射线源的能量等因素。同时，根据具体设备和工艺条件的限制，平衡曝光量与辐射安全性之间的关系，确保清晰的成像同时保持辐射剂量在可接受范围内。

2.γ 射线照相检测时曝光量的确定

确定X射线照相检测时的曝光量是确保获得清晰且高质量成像的关键因素。以下是一些确定X射线照相曝光量的常见方法：

（1）标准曝光图表：使用标准曝光图表可以帮助确定适当的曝光量。这些图表提供了不同材料和厚度的参考曝光值，根据待测工件的材料和厚度，可以选择对应的曝光量。

（2）先验经验：经验丰富的检测人员可能基于过去的经验来确定曝光量。他们通过观察并分析类似工件的成像结果，以及缺陷的可见性和对比度，来估计适当的曝光量。

（3）质量控制样板：在一些情况下，可以使用质量控制样板来确定曝光量。这些样板上通常有已知缺陷和参考尺寸，通过调整曝光量直到能够清晰显示预定缺陷，并符合要求的尺寸范围，从而确定合适的曝光量。

（4）试验曝光：在初次进行X射线照相检测时，可以通过进行试验曝光来确定合适的曝光量。通过逐步增加或减少曝光量，并观察成像结果的清晰度和缺陷可见性，以找到最佳的曝光量。

（5）工艺规范和标准：根据特定行业或应用领域的工艺规范和标准，可能已经规定了曝光量的范围或指导。按照这些规范和标准进行曝光量的确定，可以确保符合行业要求。

在确定曝光量时，需要考虑工件的材料、厚度、形状、缺陷类型和射线源的能量等因素。同时，根据具体设备和工艺条件的限制，平衡曝光量与辐射安全性之间的关系，确保清晰的成像同时保持辐射剂量在可接受范围内。

3. 曝光曲线的制作

射线机制造厂一般随机提供曝光曲线，但由于射线机厂家所采用的试件材料种类及射线透照工艺等与实际使用射线机的情况不同，该曝光曲线不一定适用。曝光曲线也可以根据实际情况用透照梯形试块的方法由射线检测单位自行测量和制作。对使用中的曝光曲线，每年应至少核查一次。射线设备更换重要部件如X射线管或者是经较大修理后，应及时对曝光曲线进行核查，必要时应重新制作。

制作X射线照相曝光曲线的具体方法是：在一定的管电压下，用某曝光量透照各级厚度差通常为2mm的阶梯形试块，得到一张黑度分级变化的底片。从该底片上找到预定的黑度区，通常取D=2.0，即得到与之对应的透照厚度。改变曝光量并重复上述过程，然后由3个以上曝光量和透照厚度的离散点即可绘出一条该管电压下的曝光曲线。改变管电压并重复。

（五）焦距的确定

射线检测中的焦距是通过根据应用需求和被检测对象特性来确定的。基于先前经验和类似应用的数据进行估计。这种方法适用于相对简单的检测任务，其中已经积累了足够的经验。某些行业或组织可能制定了标准规程，其中包含了根据材料类型、厚度等因素确定焦距的指导方针。遵循这些规程可以提供较好的起点。在实际操作中，可以进行一系列试验，通过观察检测结果并分析其可行性来确定最佳焦距。这需要调整焦距并评估每个焦距下的检测效果。

1. 固有不清晰度

固有不清晰度是指在射线检测中由于系统本身的限制或物理因素导致的图像模糊或不清晰的现象。以下是一些常见的固有不清晰度因素：

（1）分辨率限制：射线检测系统的分辨率限制决定了它能够显示和区分的最小细节。如果分辨率不足，图像中的细节将被模糊或混合在一起。

（2）散焦效应：当射线束通过被检测对象时，散射现象会导致射线束的扩散和偏离。这会导致图像模糊和失真。

（3）吸收和衰减：被检测对象对射线的吸收和衰减可能会导致图像中的某些区域变暗或丢失细节。

（4）噪声：射线检测过程中的噪声干扰可以降低图像的清晰度和对比度。噪声可以来自电子设备、环境干扰或其他源。

（5）运动模糊：如果被检测对象或射线检测系统在拍摄期间发生移动，图像中可能会出现模糊或失真的效果。

要减少固有不清晰度，可以采取以下方法：

①使用高分辨率的射线检测系统。

②优化图像处理算法以提高对比度和细节显示。

③控制环境条件，减少噪声干扰。

④确保被检测对象稳定，避免运动模糊。

⑤根据特定应用需求选择适当的射线检测参数和技术。

需要注意的是，固有不清晰度是一种无法完全消除的现象，但可以通过合理的调整和改进来最小化其影响。

2. 几何不清晰度

几何不清晰度是指在光学成像系统中由于焦距选择不当或其他因素导致的图像模糊或失真的现象。以下是几种与焦距相关的几何不清晰度情况：

（1）聚焦不准确：当焦距设置不正确时，可能无法将对象聚焦到成像平面上。这会导致图像模糊或焦点偏离目标位置。

（2）深度不足或过剩：焦距选择不当可能导致深度范围内的部分区域失去清晰度。如果焦距太短，只有非常接近镜头的物体才能保持清晰，而其他远离焦点的物体将变得模糊。相反，如果焦距过长，只有远离镜头的物体才能保持清晰，而近距离物体将变得模糊。

（3）对焦平面曲率：对焦平面应该是平坦的，以确保整个场景都保持在焦点之内。然而，在某些情况下，焦距选择不当可能导致对焦平面产生弯曲或球形畸变，从而使图像的边缘区域失去清晰度。

（4）成像比例失调：焦距选择不当可能导致成像比例的失调。如果焦距过大，物体可能会显得过于扁平；相反，如果焦距过小，物体可能会显得过于放大。这种失调会导致图像形状和比例的失真。

为了克服焦距引起的几何不清晰度，可以执行以下操作：

①确保选择适当的焦距，以满足成像需求和物体特性。

②进行对焦调整，确保对象准确聚焦在成像平面上。

③根据场景深度和需要，调整焦距以获得合适的景深范围。

④检查并纠正任何对焦平面曲率或畸变问题。

⑤针对具体应用，校准成像系统，以确保成像比例正确。

通过正确选择和调整焦距，可以最小化几何不清晰度，并获得更清晰、准确的图像。

3.运动不清晰度

焦距选择不当或对象运动速度过快可能导致图像中的运动不清晰度。当焦距与对象运动速度不匹配时，会出现以下情况：

（1）运动模糊：如果焦距过长且对象快速移动，光学系统可能无法跟随并准确地对焦在运动物体上，导致图像模糊或失真。

（2）焦点追踪问题：焦距选择不当可能导致焦点无法及时跟踪运动物体。这可能导致物体在图像中出现模糊轨迹或焦点偏离目标位置。

为了克服焦距引起的运动不清晰度，可以采取以下措施：

①选择合适的焦距：根据对象的运动速度和成像需求，选择适当的焦距。较短的焦距通常更适合拍摄快速运动的物体，而较长的焦距则适用于较慢的运动物体。

②快门速度调整：通过调整相机的快门速度来冻结运动物体。使用较快的快门速度可以减少由于对象运动而产生的模糊效果。

③跟焦技术：使用自动跟焦功能或手动调整焦点，确保焦点始终保持在运动物体上。这可以提高图像的清晰度和准确性。

④图像稳定技术：利用图像稳定技术（如光学防抖或电子防抖）来减少由于相机抖动而引起的模糊效果。

⑤预测运动轨迹：对于一些已知运动轨迹的物体，可以根据其预测的运动路径进行焦距和焦点的调整，以确保清晰捕捉到物体。

通过选择合适的焦距、调整快门速度和焦点，并利用图像稳定技术，可以最小化焦距引起的运动不清晰度，获得更清晰、准确的运动图像。

4.焦距的选择

焦距的选择是根据具体应用需求和拍摄条件来确定的。以下是一些常见的考虑因素：

（1）拍摄对象：考虑拍摄的对象类型、尺寸和特性。如果需要拍摄远距离的景物或广角场景，较短的焦距可能更合适。而对于拍摄细节或需要放大物体的情况，较长的焦距可能更有优势。

（2）成像需求：根据期望的成像结果来选择焦距。不同的焦距可以产生不同的景深效果和透视变化。较短的焦距通常会产生更大的景深并展现更宽广的场景，而较长的焦距则可能产生较浅的景深和更聚焦的背景。

（3）目标表现：考虑拍摄时想要呈现的视觉效果和感觉。较短的焦距可以产生较大的景象扭曲效果（鱼眼镜头），而较长的焦距可以产生更平面和真实的效果。

（4）拍摄条件：考虑光线条件、环境稳定性和可用空间。在低光条件下，较长的焦距可能更有优势，因为它能够捕捉到更多光线并提供更好的画质。另外，如果拍摄环境较拥挤或空间有限，较长的焦距可以帮助远离物体，并获得所需的构图。

（5）镜头可用性和预算：考虑设备可用性和预算限制。不同焦距的镜头价格和可用性可能会有所不同。确保选择的焦距符合可用的镜头选项和预算要求。

最终的焦距选择需要根据具体情况进行权衡和实验。通过试验不同焦距下的拍摄效果，并观察成像结果，可以逐步确定最适合特定场景和应用需求的焦距。

（六）胶片系统和增感屏的选用

1.胶片系统的选用

胶片系统的选用指的是选择适合自己需求和偏好的胶片摄影设备和相关配件。这包括选择胶片相机、镜头、胶片类型、胶片格式等。

在选择胶片系统时，需要考虑以下几个方面：

（1）相机类型：根据自己的喜好和拍摄需求选择胶片相机类型，如35mm相机、中画幅相机或大画幅相机。不同的相机类型具有不同的特点和适用场景。

（2）品牌和型号：了解不同的相机品牌和型号，比较它们的性能、可靠性、功能和价格等因素。一些著名的胶片相机品牌包括莱卡（Leica）、尼康（Nikon）、康泰时（Contax）等。

（3）镜头选择：胶片摄影中镜-头的选择非常重要。根据自己的拍摄风格和需求选择合适的镜头。广角、标准、长焦等不同类型的镜头都有不同的应用。

（4）胶片类型和格式：选择适合自己需求的胶片类型，如彩色负片、彩色正片或黑白胶片。同时，还需确定所使用的胶片格式，如35mm、120中画幅片或4x5大画幅片。

（5）配件和附件：考虑所需的附件和配件，如滤镜、曝光计、快门线等。这些配件可以提升摄影体验，并满足特定拍摄要求。

（6）预算和可用性：根据自己的预算和设备可获取性进行选择。一些胶片系统可能比较昂贵或难以获得，而一些品牌和型号则更容易获得并适合限制预算。

胶片系统的选用是根据个人喜好、拍摄需求、性能要求、预算等因素进行综合考虑和权衡，以选择最适合自己的胶片摄影设备和相关配件。

2.增感屏的选用

在射线照相中使用增感屏时，以下是一些因素需要考虑：

（1）透明性：由于射线照相涉及使用X射线或其他类型的辐射，所选增感屏应具有足够的透明度，以便允许辐射通过并形成可见图像。

（2）辐射抵抗：选择具有良好辐射抵抗能力的增感屏材料，以避免受到辐射的损坏或退化。

（3）亮度和清晰度：尽可能选择具有高亮度和清晰度的增感屏，以确保能够准确观察和对焦。

（4）对焦辅助功能：某些增感屏可能具有对焦辅助功能，如网格线、刻度线或对焦点等。根据需要选择具备所需功能的增感屏。

（5）特殊需求：某些特定的射线照相应用可能需要定制设计的增感屏。在这种情况下，与专业制造商或供应商合作以满足特定需求。

（七）屏蔽散射线的措施

散射线是射线与物质相互作用的产物，想要完全消除其不良影响是不可能的，但实践中可以采用一些措施来降低散射线的不良影响。

1.限制辐射场

将射线的辐射场尽量限制在检测范围内，能有效地减小散射线的不良影响。具体做法是在射线出口处使用铅集光罩缩小射线束，或用铅板遮挡射线源一侧检测范围以外的其余被检表面。如果胶片尺寸超过了被检焊缝的长度，也应用铅板遮挡暗盒超过焊缝长度的多余部分。暗盒背面2~3m以内如果是钢板、墙壁、地面或其他物体，还要考虑在暗盒背面放置一块约2mm厚的铅板，上述措施对X射线照相尤其重要。由于铅被射线照射后也会产生少量的次级射线，因此如果能在暗盒与铅板之间再衬一块1mm厚的锡或铜板，屏蔽散射线的效果会更好。在可能的条件下，最好让胶片背面是开阔的空间。

2.选择合适的射线能量

由于线性衰减系数p和散射线比例n均随射线能量的降低而增大，因此在为提高透照灵敏度而选用低能量射线时，应兼顾n的增大有降低透照灵敏度的作用。在X射线照相中，存在着使用较软的射线通常可以提高透照灵敏度但射线能量过低又会使透照灵敏度下降的规律，其原因正在于此。

（八）检测时机的选择

由于有些工件的缺陷不是在进行处理过程中或制造结束后马上产生的，因此应在恰当的时机进行射线检测才有可能检测出工件中的缺陷。例如：由于在某些焊接接头中有可能产生延迟裂纹，因此有关标准规定对有延迟裂纹倾向的材料，在焊接接头制造完工24h之后才可进行射线检测。此外，检测时机应满足相关法规、规范、标准和设计技术文件的要求，同时还应满足合同双方商定的其他技术要求。对于具体实施射线检测的工作人员而言，只有收到“射线检测委托单”后才可进行射线检测。

（九）射线检测人员资格及辐射安全

1.射线检测人员资格

从事射线检测的人员应按照国家或行业规定取得相应的资格，不同资格级别的射线检测人员只能从事该级别资格许可的射线检测工作。

Ⅰ级是初级资格，代表具有相关基础知识，可以参与射线检测的工作，具体工作内容一般包括在Ⅱ级或Ⅲ级人员的指导下从事射线检测操作，记录射线检测数据，整理射线检测资料等。Ⅱ级是中级资格，可以包括Ⅰ级的所有工作，此外还包括编制和审核射线检测工艺规程和工艺卡，独立进行射线检测操作，评定射线检测结果，出具具有法律责任的检测记录和检测报告，同时也可担任射线检测责任人员，可以审核检测报告并签字。Ⅲ级属于高级资格，涵盖Ⅰ级和Ⅱ级的各项资格，此外还可以制订射线检测的各项规章制度，仲裁Ⅱ级人员对检测结论的技术争议，制订射线检测工艺规程的评定方案等，也就是可以涵盖所有的射线检测工作。实际上，上述级别的各项资格内容相似地适用于其他无损检测方法。关于人员资格的详细内容请参考绪论中的相关内容。

2.射线检测人员的辐射安全

由于射线有生物效应，将给人员健康和生命安全带来很大的危险，因此从事射线检测过程中应时刻注意辐射安全，并在射线检测之前就确定出合理的辐射安全措施。

（1）控制辐射源。据统计，人类受到的辐射约80%来源于自然源，20%来源于人造源，其中工业射线应用是主要来源之一。对于X射线源而言，射线检测工作室可以采用门控断电装置，即不关闭检测室铅门则X射线机不得电，从而控制辐射源对人员的伤害。

（2）时间防护措施。辐射剂量的大小直接影响射线辐射对人员的伤害程度，因此应尽量减少射线辐射时间。

（3）距离防护措施。射线的强度与对人员的辐射剂量直接相关，因此应尽量远离射线源。

（4）屏蔽防护措施。检测室应符合相关规定，如墙壁厚度、是否内置铅板等。在车间或野外现场检测时，采用必要的屏蔽措施，如铅板遮挡等。

（5）辐射剂量监控防护措施。在制造现场进行射线检测时，应划定控制区以及管理区或监督区，并在区域边界设置足够数量的警告标志，检测工作人员应佩戴个人剂量计并携带剂量报警仪。必要时测量控制区边界辐射水平，确认在安全辐射水平范围内。

（十）射线检测工艺文件

参照相关法规、规范、标准和有关的技术文件，结合本单位的特点和技术条件，根据上述射线检测工艺内容编制“射线检测工艺规程”，并根据具体的检测对象编制“射线检测操作指导书”或“射线检测工艺卡”，用以检测过程的具体指导。并应编制

"射线检测记录"，用以记录实际射线检测过程中的信息及数据。最后，在所有检测结束后，根据"射线检测记录"，出具"射线检测报告"这一总结性文件。

射线检测工艺规程中应明确规定相关因素的具体范围和要求，如果相关因素的变化超出规定时，应重新编制或修订。射线检测操作指导书或射线检测工艺卡在第一次使用之前应进行工艺验证，验证底片质量是否达到标准规定的要求。是则该检测工艺可用于实际工程的射线检测，否则应在分析原因的基础上重新调整检测工艺并再次进行工艺验证，直到满足标准要求。射线检测工艺验证可通过专门的透照实验进行，该透照实验可以采用对比试块、模拟试块或直接在具体的检测对象上进行；也可以以产品的第一批底片作为工艺验证依据。不管采取哪一种工艺验证方式，作为验证依据的底片均应做出相应的标识。

1.射线检测工艺规程

射线检测工艺规程一般应包括如下内容：

（1）工艺规程编号及版本号。

（2）适用范围，结构、材料种类及透照厚度等。

（3）检测人员要求，包括检测人员资格、视力和工作内容方面的规定。

（4）依据的规范、标准或其他技术文件。

（5）检测设备和器材，包括对射线检测设备和器材的检定、校准或核查周期的规定，以及对合格周期内的经常性核查项目、周期和性能指标的规定；射线源种类、能量及焦点尺寸；胶片型号及等级；像质计种类；增感屏型号；滤光板型号；标记。

（6）工艺规程涉及的相关因素项目及其范围。

（7）不同检测对象的检测技术和检测工艺选择。

（8）检测实施要求，包括检测技术等级、透照技术、透照方式、胶片暗室处理方法或条件、底片观察技术、透照时机、透照前的表面准备要求及标记摆放要求等。

（9）检测结果的评定和质量分级。

（10）对射线检测操作指导书的要求。

（11）对射线检测记录的要求。

（12）对射线检测报告的要求。

（13）编制者（级别）、审核者（级别）和批准者。

（14）编制日期。

2.射线检测操作指导书

射线检测操作指导书一般应包括如下内容：

（1）操作指导书编号。

（2）依据的工艺规程编号及其版本号。

（3）检测技术要求，包括执行标准和合格级别。

（4）适用范围，包括被检工件的类型、形状、结构、厚度或其他几何尺寸，适用材料的种类。

（5）检测对象，包括产品类别，检测对象的名称、编号、规格尺寸、材质和热处理状态及检测部位（包括检测范围）等。

（6）检测设备和器材，包括射线源种类、型号、焦点尺寸，胶片的型号或牌号及其分类等级，增感屏类型、数量和厚度，像质计种类和型号，滤光板，背散射屏蔽铅板，标记，胶片暗室处理和观察设备，对于可反复使用的射线检测设备和灵敏度相关器材的检查项目、时机和性能指标等。

（7）透照程序。

（8）透照示意图。

（9）透照检测工艺，包括采用的检测技术等级，胶片工艺即单胶片或双胶片透照，透照方式即射线源、工件和胶片的相对位置，曝光参数，像质计摆放位置和数量，标记符号类型和摆放，布片原则，检测时机，检测比例，检测前的表面准备，胶片暗室处理方法和条件要求，底片观察技术即双片叠加或单片观察评定等。

（10）底片质量要求，包括几何不清晰度、黑度、像质计灵敏度及标记等。

（11）工艺验证要求（如果有）。

（12）对射线检测记录的规定。

（13）编制者（级别）和审核者（级别）。

（14）编制日期。

3.射线检测记录

射线检测记录一般应包括如下内容：

（1）射线检测记录表的编号。

（2）委托单位或制造单位。

（3）检测技术要求，包括执行标准和合格级别。

（4）依据的操作指导书名称及编号。

（5）检测对象，包括产品类别，检测对象的名称、编号、规格尺寸、材质和热处理状态，材料成型方法及主要工艺，检测部位和检测比例，检测时的表面状态，检测时机等。

（6）检测设备和器材，包括射线源的种类、型号及焦点尺寸，胶片的型号或牌号及其分类等级，增感屏的类型、数量和厚度，像质计的种类和型号，滤光板，背散射屏蔽铅板等。

（7）检测工艺及参数，包括检测技术等级，透照技术包括单胶片或双胶片，透照方式，透照参数包括几何参数、管电压、管电流、曝光时间（或源强度、曝光时间），暗室处理方式和条件，底片评定包括底片黑度、底片像质计数值及缺陷位置和性质等。

（8）布片图。

（9）编制、审核人员及其技术资格。

（10）检测数据的评定结果及质量分级。

（11）操作指导书工艺验证情况（如果有）。

（12）其他需要说明或记录的事项。

（13）检测日期和地点。

4.射线检测报告

检测报告将在所有检测内容完成后出具，是对检测的总结性文件，应依据射线检测记录来出具射线检测报告。其一般应包括如下内容：

（1）委托单位或制造单位及检测单位。

（2）检测标准，包括验收要求。

（3）透照技术及等级，包括像质计和要求达到的像质计数值。

（4）被检工件，包括名称、材质、热处理状态、材料透照厚度、材料成型方法及主要工艺、检测部位、焊缝坡口形式及焊接方法等。

（5）检测设备及器材，包括射线源的种类、型号、焦点尺寸，胶片的牌号及其分类等级，增感屏的类型、数量和厚度，像质计种类和型号，背散射屏蔽铅板，标记，滤光板等。

（6）检测工艺及参数，包括检测技术等级，胶片技术（包括单胶片或双胶片），透照布置，透照方式，透照参数（包括几何参数、管电压、管电流、γ源的活度、曝光时间），暗室处理方式和条件等。

（7）布片图。

（8）底片评定及质量分级。

（9）检测结果与合同各方商定的或所依据的检测标准中规定的差异及其说明。

（10）透照及检测报告日期。

（11）编制、审核人员及其技术资格。

二、射线透照过程

依据“射线检测操作指导书”的规定进行透照布置，并按步骤对工件施加射线进行射线透照。该阶段最主要的工作内容是透照布置及采用的具体透照方式，实际透照人员应对透照方式及透照布置有全面的了解并可以完整、正确地实施。

（一）透照方式

对简体和管材焊接接头进行射线照相检测时比较多样化，但透照方式主要有三种类型，即单壁单影、双壁单影和双壁双影方式。

应根据工件的特点和技术要求来选择适宜的透照方式。相比于双壁透照方式，应优先选用单壁透照方式。安放式和插入式管座焊缝应优先选用射线源在外部的透照方式。当射线源在内部透照插入式管座焊缝时，应优先采用射线源在支管轴线上的透照方式。

（二）透照布置

透照布置因射线种类及工件特点不同而有些不同，但大同小异。

1.射线源的布置

射线束的中心线一般应垂直指向透照区中心，并应尽量与工件表面法线重合。如有必要，也可选用有利于发现缺陷的方向进行透照。

2.散射线的屏蔽

通常默认射线源侧为工件正面，在工件背面放置铅板的目的是屏蔽背面散射线，以避免背面散射线对底片影像质量造成不良影响。对第一次使用的射线照相检测工艺或者使用该工艺的检测条件、环境等发生改变时，一般应评估背散射的影响。评估背散射的方法是，射线照相检测前，在暗盒背面的适当位置贴附一铅质的字高为13mm、厚度为1.6mm的B字标记，然后按照检测工艺进行透照和暗室处理。如果在底片上出现黑度低于周围背景黑度的B字影像，则说明背散射不合格，应增大背散射屏蔽铅板的厚度；如果底片上不出现或出现黑度高于周围背景黑度的B字影像，则说明背散射符合射线照相检测要求。

用铅板遮蔽正面非检测部位，是为了避免射线与非检测部位的物质作用后产生散射线从而影响底片的影像质量。

3.暗盒的整备

在暗室中，将一张胶片放入暗盒中，必要时还应放入前、后金属增感屏。采用双胶片透照工艺进行透照时应放入两张胶片，并在胶片之间放入中屏。但要注意，管电压小于或等于100kV的X射线和γ射线源Tm170应采用单胶片透照工艺；双胶片透照工艺使用的两张胶片分类等级应相同或相近。

4.像质计的布置

（1）像质计的摆放

像质计一般应放置在工件的正面。因为工件结构等原因而不能放置于正面时，允许放置在工件背面暗盒和工件之间，同时在像质计适当位置上应附加“F”铅质标记以示区别，F字符与像质计的标记均应成像于底片上，还要注意底片评定时选择对应的像质计数值表进行是否符合检测技术等级要求的判定。

对焊接接头进行透照并放置线型像质计的基本原则：应放置于焊接接头的一端，一般是被检区长度的1/4左右的位置；最细线必须远离射线中心；金属线横跨焊缝并尽量垂直于焊缝。对焊接接头进行透照并放置阶梯孔型像质计的基本原则：一般应放置于被检区中心部位的热影响区以外，一般为距离焊缝边缘5mm以外。在不可能实现的情况下，至少应放置于焊缝以外。

5.定位标记的布置

定位标记布置的基本原则：放置位置不应遮蔽被检部位，而且不能重叠。例如，透照焊接接头时，应放置在距离焊缝边缘至少5mm之处，以避免遮蔽焊缝和热影响区。

此外还要注意如下一些特殊情况：检测之前将焊缝正面和背面余高均打磨平齐于母材表面并导致从底片上很难确定出检测区位置和宽度时，应采用适当的定位标记（如铅质细丝）进行标识。另外，可以将识别标记预曝光在胶片上，但必须采取有效措施保证根据射线底片上的预曝光的识别标记能够追踪到工件的相应被检区域，并必须采取有效屏蔽措施保证除了放置识别标记的位置以外的胶片区域不被曝光。

三、感光胶片的处理

射线透照过程结束后，即可对感光胶片进行冲洗加工处理。感光胶片的冲洗加工处理一般应按照胶片生产厂说明书的规定进行，可以采用手动处理或自动处理方式。胶片生产厂在提供胶片的特性曲线、感光度和平均斜率时，一般还提供胶片的冲洗加工材料。冲洗加工材料说明书中规定了每一步加工的药品、时间、温度、搅拌、设备和工艺，以及为获得胶片的最佳成像效果而需要的任何附加说明，以指导用户对感光胶片进行处理。应该指出，用不同的冲洗加工方法得到的感光度和平均斜率可能有显著差别。改变冲洗加工过程虽然可以改变胶片的感光度和平均斜率，但同时其他的感光性能和物理性能也会随感光度和平均斜率的改变而改变，从而影响底片的影像质量。

感光胶片的处理过程一般由显影、清洗、定影、冲洗和底片干燥五个阶段组成，最后得到底片。其中前三个阶段必须在暗室内完成，暗室的灯光应满足胶片生产厂推荐的安全灯光条件。此外，还要注意胶片在暗室中的处理时间不应超过暗室安全照射时间。暗室安全照射时间的确定方法可参考相关技术标准。

由于残留在底片上的硫代硫酸盐离子的浓度对底片的保存年限有较大的影响，因此一般要求底片的硫代硫酸盐离子的浓度应低于0. 050g/m^2。测量后如果发现不满足此要求，则应停止暗室处理并采取纠正措施，重新核查定影和冲洗工序的符合性，并重新处置所有含有缺 陷的底片。

第三章 超声检测

超声波传播时，因为声介质（以下简称介质）的不同或是介质的不均匀性，其声学特性参数将发生变化。通过超声波在介质中传播时的声学特性参数的变化，来检测材料特性和工件缺陷的方法称为超声检测。超声检测是五种常规无损检测方法之一。特别地，专为得到工件内部损伤信息的超声检测称为超声探伤，是工件内部缺陷两种常规探伤方法之一。

超声检测的基本原理是，机械振动产生的超声波传入被检工件，超声波在工件的传播过程中，当遇到不同介质组成的界面（如金属材料中气孔缺陷的金属一气体界面）或者同一金属材料的不同密度区界面等时，在能量被衰减的同时将被界面反射、透射和散射，特定波长的波将产生共振现象。通过电子技术检测其声能衰减程度、反射波的声强及其传播时间以及共振次数等参数，并通过数据处理将其显示在显示屏上，经与标准试块及其反射体的检测结果进行对比，从而确定被检工件的厚度、物理特性、力学特性或缺陷特性等。

与同为工件内部缺陷检测方法的射线检测相比较，超声检测的主要优点是：成本低、操作方便、技术灵活、检测设备轻便、可检测厚度大、对人和环境无害、对内部缺陷和表面缺陷敏感，特别是对焊接的裂纹、未熔合等危害性大的面积型缺陷有较高的检测灵敏度，可以定量确定缺陷在工件中的深度，一般仅需在工件的一侧即可进行检测，可实时提供检测结果，除探伤外还可进行材料特性测定以及在役检测方便等。超声检测的局限性是：缺陷判定不直观，难以确定疏密、缺陷大小及类型等，对检测人员的技能和经验要求很高，很难检测粗晶材料及表面过于粗糙、形状不规则、检测对象过小或过薄及非同质材料，难以检测平行于声束的线状缺陷，设备和缺陷均需依据标准进行标定等。在工程实践中，超声检测与射线检测经常配合使用来对工件缺陷进行检测，以提高检测效率和检测结果的可靠性。

超声检测最早是应用于医学诊断领域中的，1929 年开始用于检测金属物体。时至今日，超声检测技术在多个方面得到了飞速发展。设备及其技术方面，图像显示器件由CRT、LCD到LED、超声检测彩色显示设备及数字超声探伤仪，自动化程度的提高，如扫描动作自动控制、UT机器人；检测技术方面，从传统的A型显示脉冲反射式到衍射时差法超声检测技术、超声相控阵技术，从接触式超声检测技术到非接触式的激光超声检测技术、电磁超声检测技术，从普通环境下的检测到特殊环境下的检测，如水下超声检测等。目前正在向过程控制中的在线测量技术、定量化的无损评定、先进的仿真技术及高分辨率的声学影像的获得方向发展。超声检测的应用范围非常广泛，不仅用于检测工件内部缺陷，还可用于表面波检测工件表面缺陷；不仅用于缺陷探伤，还可用于材料特性检测；不仅用于航空航天、核工业、兵器、造船、特种设备、机械、电力、冶金、化工、矿业、建筑及交通等工业领域，还可用于科学研究及医疗领域；不仅用于探伤和材料特性检测，如检测材料声速、声衰减、厚度、应力及硬度等，还可用于对液体的浓度、密度、黏度、流速、流量、料位及液位的测定，以及地层断裂、空洞测量、岩石的空隙率及含水量检测等。超声检测的分类方法很多，均从不同角度揭示了超声检测的内涵。

第一节　超声检测的物理基础

一、超声波及其发射和接收

（一）超声波的基本概念

16Hz~20kHz为人耳可闻声频范围，频率低于16Hz的声波为次声波，频率高于20kHz的声波称为超声波。包含超声波和次声波的声波是一种机械波。从能量角度来看，声波属于机械能的一种形式。高频机械振动在介质中的传播形成了超声波。超声波本质上是构成固体、液体或气体介质的质点的机械振动现象，即当受到外力持续的压缩或拉伸作用下质点产生受迫振动。超声波的应用领域非常广泛，主要用于清洗、焊接及检测。

大多数超声检测所使用的超声波频率为0.5~25MHz，金属材料超声检测常用的频率范 围为1~5MHz，其中2.0~2.5MHz被推荐为焊接接头超声检测的公称频率。

1.超声波的波型

根据介质质点的振动方向与波的传播方向之间关系的不同，在超声检测中使用的超声波主要有纵波、横波、表面波和板波这四种类型。

（1）纵波

介质质点振动方向与波的传播方向平行的波称为纵波。纵波中的介质质点受到交变拉应力和压应力作用而使介质发生伸缩变形，因此也称其为压缩波；又由于纵波中的介质质点疏密相间，因此也称其为疏密波。

凡是在外力交变变化时质点能够相向振动和相反振动的介质均可传播纵波。固体介质，承受拉应力时质点相反振动，承受压应力时质点相向振动，故可以传播纵波。液体和气体介质，在压应力作用下质点相向振动，虽然一般的液体或气体不能承受拉应力，但在压应力释放时质点之间的固有结合力使质点分离产生相反振动，故也可传播纵波。总而言之，纵波可在固体、液体和气体介质中传播。

纵波常用于钢板及塑性成型工件的超声检测。

（2）横波。介质质点振动方向与波的传播方向垂直的波称为横波。横波中的介质质点承受交变剪切力而使介质发生切变变形，因此也称其为剪切波或切变波。

由于固体介质可以承受交变剪切力并且发生切变变形，故可以传播横波；液体和气体介质在受到剪切应力时不能发生切变变形或其他有规律的变化，也即介质质点不能有规律地切向振动，故不能传播横波。总而言之，横波仅可在固体介质中传播，不能在液体和气体介质中传播。

横波常用于钢管及焊接件的超声检测。

（3）表面波

当介质表面受到交变应力作用时，产生沿介质表面传播的波称为表面波。表面波是瑞利在 1887 年首先研究并发现的，故又称为瑞利波。后经研究证实，瑞利波仅是表面波的一种。瑞利波传播时，介质质点的振动轨迹是椭圆形，是纵波质点振动形式和横波质点振动形式的合成，椭圆轨迹的长轴垂直于波的传播方向，短轴平行于波的传播方向。表面波在距离介质表面大于一个波长的深度内振动很弱，在 1/4 波长深度处振幅最大。由于质点有横波质点振动形式，因此很显然表面波只能在固体介质中传播。

瑞利波常用于厚壁钢管的超声检测。

（4）板波

在板厚是几个波长且厚度均匀的薄板中传播的波称为板波，最常见的板波为兰姆波。兰姆波传播时，薄板两表面的质点振动也是纵波质点振动形式和横波质点振动形式的合成，其振动轨迹也是椭圆形。依据薄板两表面的质点振动方向，兰姆波分为对称型，用符号 S 表示；非对称型，用符号 A 表示。对称型兰姆波传播时，薄板中心质点做纵向振动，两表面质点做椭圆振动且振动相位相反，对称于板中心。非对称型兰姆波传播时，薄板中心质点做横向振动，两表面质点做椭圆振动且振动相位相同，非对称于板中心。

兰姆波常用于板厚小于 6mm 的薄板和薄壁钢管的超声检测。

在超声检测中，常用纵波和横波，较少使用表面波和板波。由于发射纵波相对容易，因此在超声检测中应用广泛。当需要采用其他波型的超声波进行检测时，常采用纵波声源并经波型转换处理来得到。

2.超声波的声速

超声波的声速是指单位时间内超声波传播的距离，习惯上也称为传播速度，用符号 C 来表示。弹性介质可视为无限个质点之间以弹簧互相连接，质点受其附近质点的惯性和弹性回复力的作用。

介质的质点之间存在结合力，该力将抵抗外力的压缩或拉伸。液体或气体介质，该结合力大小的宏观表现形式为体积模量。固体介质不同于液体或气体介质，一方面表现出可以抵抗压缩和拉伸，宏观表现形式为弹性模量 E；另一方面表现出可以抵抗剪切载荷，宏观表现形式为切变模量 G。

3.超声波的波长

在超声波的传播方向上相位相同的相邻两质点间的距离称为超声波的波长，习惯上用符号 λ 来表示。

（二）超声波的检测特性

超声波具有方向性好、能量高、穿透能力强及在声界面上产生反射、透射及波型转换等的检测特性。按波阵面的形状即波形分类，超声波可分为平面波、球面波和柱面波。超声检测所用的超声波，由于是一个圆盘形的声源振动发出的，因此形象地称为活塞波。活塞波不是上述的简单波形，而是一种介于平面波和球面波之间的混合波形。理论上，在其圆盘形声源附近，因严重的声干涉现象故其波形较复杂，在距声源较远处近似于球面波。按振动持续时间分类，超声波可分为连续波和脉冲波。连续波检测时，反射波和连续到来的发射波相混叠，同相则信号增强，反相则信号减弱，因此连续波很难应用于反射式超声检测中，但可用于穿透法超声检测中。实际上，通常所说的超声检测一般使用的是脉冲波，即发射的脉冲波之间设定足够的时间间隔使得反射波衰减消失，以避免发射波与反射波混叠。

（三）超声波的发射与接收

1.超声波的发射

从原理上讲，20kHz 以上频率的机械振动就可以产生超声波，即发射超声波。在实际工程中，利用某些材料的特殊物理效应可以实现超声波的发射。发射超声波的方法比较多，如机械方法的流体哨、激光激发、电磁感应激发、压电法和磁致伸缩法等。在工业中得到较多应用的是压电法和磁致伸缩法。

磁致伸缩法利用的是铁磁性材料的磁致伸缩效应。磁致伸缩效应是指铁磁体在被外磁场磁化时体积和长度发生变化的现象。磁致伸缩效应引起的体积和长度变化虽是微小的，但其长度的变化比体积的变化大得多，引起的长度变化又称为线磁致伸缩，其逆效应是压磁效应。

压电法是超声检测中发射超声波所采用的方法。压电法利用的是压电材料的逆压电效应，即在天然或人工压电材料制成的圆形或方形压电晶片的两侧施加高频的交变电场，使晶片在厚度方向上出现相应的压缩和伸长变形的现象。在逆压电效应作用下，压电晶片将随外加超声频率电压的变化在其厚度方向上做相应的超声频率的机械振动，即发射出超声波。

2.超声波的接收

当铁磁体在外力作用下发生形变时，其自发磁化强度会发生变化，这是接收超声波的物理原理。但实际上很少采用磁致伸缩换能器来接收超声波，多利用压电换能器中压电晶片的压电效应来接收超声波。与逆压电效应相反，压电效应是指沿厚度方向做超声振动的压电晶片的表面受压和释放而产生交变电压的现象。通过对该交变电压的放大、整形等信号处理，并显示这一源于超声波振动压电晶片产生的交变电压，即实现了超声波的接收。

二、超声波在介质中的传播

超声波在传播过程中，遇到不同介质组成的界面将发生反射、透射和散射，强度也将被衰减，同时传播方向和波型也可能改变等。发生的上述物理现象，均与超声波及介质相关。在某一确定的超声波作用下，具体检测对象使得超声波发生上述变化，这必将带有该介质即工件的特征信息，分析该特征信息就可以实现对工件的检测。因此，超声检测的关键是要搞清某一确定的超声波与具体检测对象作用时所发生的物理现象及其变化。

（一）超声场

超声波达到的介质空间称为超声场。超声场具有一定的空间大小和形状，并有可能随时间而发生变化。而且，只有当缺陷等被检对象位于超声场内才有可能被检测到。

（二）超声波在介质中的传播规律

超声波在均匀介质中传播时，声能无疑要被衰减，理论上并不发生其他变化。但是超声波在传播过程中遇到不同介质组成的界面，如气孔的气体介质和金属固体介质的界面，将发生反射、透射和声能衰减等现象，同时传播方向和波型也可能发生改变。不仅如此，在一些特定条件下，超声波因反射和折射而聚焦。聚焦现象在超声检测先进技术（如相控阵超声检测技术）中得到广泛应用，可参考其他相关的专业书籍。根据超声检测的实际情况，下面分别分析直探头（垂直入射）和斜探头（倾斜入射）时发生上述变化的情况。

第二节　超声检测设备及器材

超声检测，一般采用超声检测仪并选配合适的探头，根据检测要求在试块上对检测仪－探头的组合性能进行测试和标定，然后通过耦合剂将超声波发射入待检工件进行检测。超声检测的设备及器材主要包括超声检测仪、探头、试块及耦合剂等。

一、超声探伤仪

根据采用的电子信号处理技术，超声检测仪可以分为模拟式超声检测仪和数字式超声检测仪；根据超声反射波的显示方式，超声检测仪可以分为A型显示超声检测仪、B型显示超声检测仪和C型显示超声检测仪等；根据发射超声波的方式，超声检测仪可以分为连续式超声检测仪和脉冲式超声检测仪等；根据接收到的超声波的来源，超声检测仪可以分为透射式超声检测仪和反射式超声检测仪；根据用途，超声检测仪可以分为测厚用超声检测仪（即超声测厚仪）和探伤用超声检测仪（即超声探伤仪）等。

（一）基本结构和工作原理

超声探伤仪的工作原理如下：电源提供各功能电路所需要的不同电压，同步电路产生触发脉冲，该触发脉冲同步施加到时基电路和发射电路。一方面，发射电路接收到触发脉冲后，产生超声频率的电信号并间断而非连续地施加至探头的压电晶片上，压电晶片因逆压电效应而发射出持续时间较短的超声波（即脉冲超声波）到工件中。超声波在工件传播过程中遇到异质界面（如缺陷）而反射回到探头的压电晶片上，压电晶片因压电效应故产生与反射波相应的电信号，经接收电路对该反射波电信号的滤波、放大等信号处理后施加至CRT的垂直偏转板上，使CRT阴极热灯丝发射的电子束发生垂直偏转，也就是使得电子束在CRT显示屏的Y轴方向上发生位移，位移的大小与反射波信号电压的大小成正比。另一方面，在发射电路接收到触发脉冲开始工作的同时，时基电路接收到触发脉冲后也同步开始工作，产生锯齿波扫描信号施加至CRT的水平偏转板，使CRT阴极热灯丝发射的电子束发生水平偏转，也就是使得电子束在CRT显示屏的X轴方向上发生位移，位移的大小与超声波传播的时间成正比。最终，在水平偏转和垂直偏转共同作用下，使得电子束打在CRT显示屏上相应的X-Y位置上激发出荧光，从而显示出位置和波幅均准确的反射波信号。上述过程循环往复进行下去，就可以在CRT上得到一个稳定显示的反射波信号。检测人员通过观察和分析带有工件内部信息的该反射波信号在时基线上的位置与反射波幅度的高低来判定工件的缺陷特征。

数字式A型脉冲反射式超声探伤仪，是在模拟式A型脉冲反射式超声探伤仪的基础上，采用现代单片机（即MCU）或数字信号处理器（即DSP）的测量、信号处理和控制技术，替代或升级部分功能电路，主要是将接收到的反射波信号进行A/D转换后输入到MCU或DSP中进行数据存储，因此可以反复回放、观察和分析反射波。当然还有其他优点，如由MCU或DSP控制来实现同步、对信号的实时增益、数字滤波等数字信号处理技术及现代显示器技术，彩色液晶显示、二维点阵LED显示等。

（二）显示方式

常用的显示方式有A型显示、B型显示和C型显示。

1.A 型显示

由上述的A型脉冲反射式超声探伤仪的工作原理可知，A型显示就是显示所接收到的总超声能量和时间的函数关系，能量为纵坐标，时间为横坐标。通常用反射信号强度高低来表示所接收到的总超声能量的大小。通过对比已知反射体和未知缺陷的回波幅度而判断缺陷的相对大小，通过缺陷波在横坐标的位置判定缺陷在工件中的埋藏深度等缺陷特征。

2.B 型显示

B型显示本质上是显示工件的垂直截面，显示的是声强、超声波的行程时间和探头位置之间的函数关系，纵坐标是超声波的行程时间，横坐标是探头位置。如果声强超过门槛值，则触发使该点显示在屏幕上，多点则形成反射体的轨迹，可确定反射体的深度和沿检测方向的直线距离。此技术的缺点是近表面的大缺陷将屏蔽下面的小缺陷。

3. C 型显示

C型显示本质上是显示工件的水平截面，显示的是不同声强等级、超声波的行程时间和探头位置之间的函数关系，结合了A超和B超的特点，是真正的图像显示。与B型显示相同，纵坐标是超声波的行程时间，横坐标是探头位置。如果声强超过门槛值，则触发使该点显示在屏幕上，其信号幅度差别可用不同灰度或彩色表示。它可确定缺陷的水平位置和缺陷的形状及尺寸。

（三）超声探伤仪主要的开关、旋钮及其功能

超声探伤仪的工作频率范围至少应为1~5MHz，如NB/T 47013.3—2015《承压设备无损检测 第3部分：超声检测》规定：工作频率按－3dB测量应至少包括0. 5～10MHz的频率范围。

1. 模拟超声探伤仪

模拟超声探伤仪面板上有各种功能开关、调节旋钮、指示器及显示屏等，用于设定和调节探伤仪的功能、工作状态、物理量值、报警信息指示及探伤结果显示等。

（1）发射探头插座和接收探头插座。用于双探头工作方式下连接发射探头和接收探头，单探头工作方式下的探头可连接到发射探头插座上或者接收探头插座上。

（2）工作方式设定旋钮。用于设定工作方式，可设定为双探头工作方式，即一发一收工作方式，或者设定为单探头工作方式，即自发自收工作方式。

（3）发射强度调节旋钮。用于调节发射超声波的强度，增大发射强度可以提高仪器的灵敏度，但因脉冲变宽导致分辨率下降。一般是在满足发射强度条件下，置于发射强度较低的位置。

（4）衰减器。衰减器的作用是调节检测灵敏度和测量反射波幅度。衰减器读数小则灵敏度高或回波幅度低，衰减器读数大则灵敏度低或回波幅度高。旋钮分为粗调旋钮和细调旋钮，粗调每档一般为10dB或20dB，细调每档一般为1dB或2dB。

（5）抑制器。抑制CRT上低幅度脉冲或检测者认为的杂乱脉冲波，即去除幅度低于某一门槛值的所有显示信号的方法来降低噪声，如草状反射波，使之在CRT上消失从而清晰显示主观认为有用的检测信号。抑制器就是用于调节该门槛值的。可见，有可能抑制掉小缺陷的低幅度反射脉冲从而造成漏检，因此应慎重使用抑制器。

（6）增益调节器。通过调节来改变接收放大器的放大倍数，也即通过调节该旋钮可以将显示在CRT上的反射波幅度控制在合适的高度。一般应具有2.0dB或以下的步进增益档位。

（7）聚焦调节器。用于调节打在CRT上电子束的聚焦程度，使显示屏上显示的波形轮廓清晰而无模糊边界。

（8）深度范围调节旋钮。用于调节时间扫描线（即时基线）在显示屏上显示的长度，可以使得反射波脉冲间隔增大或减小。由于检测用超声波速度一定，因此反射波显示的时间即反射波在显示屏上的水平位置与超声波到达工件的深度有定量关系，故而称其为深度范围调节。可见，厚度大的工件宜选择较大的档位，厚度小的工件宜选择较小的档位。调节旋钮分为粗调旋钮和细调旋钮。

（9）脉冲移位调节旋钮。又称延迟旋钮，用于调节开始发射脉冲时刻与开始扫描时刻之间的时间差。可以在不改变回波之间距离的前提下，大范围移动回波在时基线上的位置。

2.数字超声探伤仪

数字超声探伤仪是采用现代电子技术，以MCU或DSP为主控单元，将模拟信号通过A/D转换转变为数字信号，便于信号的存储、处理和显示，并增加了打印机接口、串行通信接口及其他数据传输接口，也便于采用先进的高分辨率平面显示屏。数字超声探伤仪功能预置多组探伤参数，可存储上千个探伤回波、曲线和数据，具有明显的优点。

（四）仪器的主要检测性能

与超声检测密切相关的仪器性能，主要是水平线性和垂直线性。

1.水平线性

由经校准的时间发生器或由已知厚度平板的多次反射所提供的输入信号与在时基线上所指示的信号位置之间成正比关系的程度称为水平线性。实际上，水平线性表示仪器对声程不同的反射体所产生的多个回波在显示屏上显示的与初始波的距离和反射体与探头的实际距离之间能按比例显示的能力。水平线性的优劣直接影响仪器对缺陷的定位精度。

2.垂直线性

反射波经探头转换的电信号幅度与显示屏显示的反射波幅度成正比关系的程度称为垂直线性。实际上，垂直线性是表示仪器接收的电信号幅度与显示屏所显示的回波幅度之间能按比例显示的能力。

（五）超声检测仪的校准与核查

应对超声检测仪进行日常维护，对超声检测仪的校准、核查和检查的要求，不同的标准具有相似的规定。NB/T 47013. 3—2015《承压设备无损检测 第3部分：超声检测》的规定如下：

（1）应在标准试块上进行，并应使探头主声束垂直对准反射体的反射面，以获得稳定和最大的反射信号。

（2）每年至少一次，对超声仪器－探头系统的水平线性、垂直线性、组合频率、直探头的盲区、灵敏度余量、分辨力及仪器的衰减器精度进行校准并记录。

（3）在运行中，模拟超声检测仪应每三个月或数字超声检测仪应每六个月，对仪器－探头系统的水平线性和垂直线性至少进行一次核查并记录；对灵敏度余量、分辨力及直探头的盲区，每三个月至少进行一次核查并记录。

二、超声探头

在超声检测中，用以实现电能和声能相互转换的声学器件称为超声换能器，习惯上也称为超声探头。发射和接收纵波的称为纵波探头，从声束入射到工件的角度方面又称为直探头；发射和接收横波的称为横波探头，从声束入射到工件的角度方面又称为斜探头；发射和接收表面波的称为表面波探头等。探头的材料、机械结构、电气结构、外部的机械负载和电气负载条件等，均影响探头的工作性能。机械结构参数主要包括表面发射区域、阻尼块、外壳、连接器类型及其他物理结构变量。探头标示的频率（即公称频率）均为中心频率，中心频率是指幅度比峰值频率的幅度低6dB时所对应的频率的算术平均值。公称频率在0.5~2.25MHz的低频探头的灵敏度较低，但传播距离远；公称频率在15.0~25.0MHz的高频探头的传播距离小，但灵敏度高，易于发现小缺陷。商用超声波探头频率最高一般为150MHz。脉冲反射式超声检测所用探头的标称频率一般应为1~5MHz，除非工件材料、晶粒结构等因素要求使用其他频率以保证适当的穿透力或分辨力。

（一）探头的种类

按超声波的波型分类，探头可分为纵波探头、横波探头、表面波探头和板波探头；按探头的声束入射工件的角度分类，探头可分为直探头和斜探头；按与工件的接触方式分类，探头可分为接触式探头和非接触式探头；按耦合方式分类，探头可分为直接接触式探头、液浸探头和电磁耦合探头；按超声波束的形态分类，探头可分为聚焦探头和非聚焦探头；按压电晶片数量分类，探头可分为单晶探头、双晶探头和相控阵探头；按探头适用的温度分类，探头可分为常温探头和高温探头；按入射角是否可变分类，探头可分为固定角探头和变角度探头等。此外，还有特种探头，如延迟线探头，以及上述分类的组合类型，如液浸式聚焦探头等。

其中，接触式纵波探头、接触式横波探头和接触式双晶直探头较为常用。

（二）常用探头的结构及特性

超声检测中使用的探头因检测对象、目的和条件的不同而异，但其中最常使用的主要是压电晶片面积不超过 500mm2，且任一边长不大于 25mm 的纵波直探头和横波斜探头。

1. 直探头

声束轴线垂直于检测面即声束垂直入射到工件的探头，发射的是纵波。

（1）结构。直探头主要由壳体、保护膜、压电元件、吸收块（也称阻尼块或背衬）等部分组成。

①压电元件。压电元件由压电晶片及电极层组成。为使电压在晶片上均匀分布，在压电晶片两面涂上电极层，其一般为金层或铂层，底层接地线，上层接信号线引至接头处。常用的压电材料，单晶体结构的有：石英，居里温度为570℃，性能稳定，温度稳定性好；硫酸锂，$Li2_{S}O_{4}$，居里温度为 75℃；铌酸锂，$LiNbO_{3}$，居里温度为1210℃，在很高的温度范围内其参数随温度的变化很小，适合于高温高频换能器。多晶体结构的压电陶瓷有：钛酸钡，$BaTiO_{3}$，居里温度为120℃，因其损耗大不适合高频应用，而且特性随温度变化很大；锆钛酸铅，Pb（$Ti_{0.47}Zr_{0.53}$）0_{3}，简称PZT，居里温度为365℃，在较大的温

度范围内性能都比较稳定，最常用。压电晶片常制成圆形、正方形或矩形。当压电材料选定后，压电晶片的厚度、直径等外形尺寸及其固有频率与发射声场的强度、距离一波幅特性及指向性密切相关，还与声场的对称性、分辨力及信噪比等特性相关。晶片尺寸的设计取决于三个因素：频率常数（即频率和厚度的乘积）、指向性、近场长度。因此，应兼顾指向性、近场长度和振动频率而取最佳直径。为保证能量传输效果，压电晶片的厚度一般为0.5λ。

② 吸收块。超声检测仪对压电换能器施以高频电脉冲时，将激励晶片振动而产生超声波。当施加的电脉冲信号停止后，由于晶片存在的力学惯性作用，晶片还要维持一段时间的振动才能逐渐恢复静止状态。这种情况对超声检测是不利的，例如在单探头检测中，因为晶片的这种持续振动将产生附加电信号导致回波波形失真；在双探头检测中，晶片的持续振动将与下一个激励电脉冲的激发相叠加而形成干扰。上述的结果降低了分辨率、增大了检测盲区。为了获得较高的分辨率和减小检测盲区及波形畸变，一般都希望发射的超声脉冲在满足功率要求的情况下时间尽可能短。要获得这样的窄脉冲，除了激励源电路产生电脉冲的宽度要尽可能窄以外，还要从探头结构设计上抑制晶片的持续振动，即采取加大阻尼的办法。当阻尼不充分时，探头因为出现振铃现象（所谓振铃就是自由振荡或所谓的“余振”“尾振”）或处于宽脉冲的工作状态，从而导致分辨率的降低和检测盲区的增大，而且可能出现因为材料、耦合剂引起的波的干涉造成干扰，影响超声脉冲的形状等。此外，晶片做厚向振动时是向前后两个方向同时发射超声波能量，向前发射是我们所需要的，即发射超声波，而向后发射

的声能被晶片背衬支承物反射回到晶片时就会造成干扰，所以也要通过吸收块来加以抑制。综上所述，要克服和改善这些缺点，主要是在晶片背面加上高阻尼的吸收介质，即吸收块。当吸收块的声阻抗等于晶片的声阻抗并且其超声衰减系数越大，则效果越好。这是因为晶片背面发射的超声波将不会在晶片与吸收块界面上产生反射，而是顺利进入吸收块并将其能量吸收掉。应当指出，加入吸收块的效果固然能使脉冲变窄、提高检测分辨率、减小检测盲区及减少波形畸变，但是以降低机械品质因数、辐射功率及检测灵敏度为代价。

吸收块主要有以下三个方面的作用：作为支承晶片的背衬材料；吸收晶片向背面发射的声波和抑制杂波；吸收晶片多余的振动能量，缩短晶片的振铃时间，使晶片被发射脉冲激励后能很快停振，以保证波形不失真并满足分辨率的要求。

吸收块主要由散射微粒（如钨粉、铈钨粉、胶木粉、聚硫橡胶粉、二氧化铅粉或二硫化钼粉等）和起黏结、固定和声吸收作用的声吸收材料（如环氧树脂）混合并凝固成一定的形状而成。吸收块的密度越大、散射点越多，则声衰减越大，阻尼吸收作用越强，而吸收块的声阻抗越接近晶片的声阻抗则透声率越好，从而可以起到良好的吸声作用。

③ 匹配层。匹配层有时和保护膜合二为一。如果有单独的匹配层，其厚度一般为0. 25λ，以便获得最大的声压往复透射率。接触式探头的匹配层的声阻抗通常应在压电晶片和钢的声阻抗之间，理论上应为压电晶片和钢的声阻抗的几何平均值。水浸探头的匹配层的声阻抗应在压电晶片和水的声阻抗之间，理论上应为压电晶片和水的声阻抗的几何平均值。

④ 保护膜。为避免压电晶片或匹配层的损坏以及在长期频繁使用中的磨损和腐蚀，探头前端最外层一般安装有保护膜。保护膜分为软性保护膜和硬性保护膜，软性保护膜是用耐磨橡胶或塑料膜等制成，方便探头在表面较粗糙的工件上检测，但声能损失大；硬性保护膜是用不锈钢片、刚玉片或环氧树脂浇注而成，声能损失小但始波宽度增大、分辨力变差及检测灵敏度变低，可在表面较光洁的工件检测中使用。

（2）特性

①主要用于检测与工件表面平行或近似平行的缺陷。

②检测深度大，适用范围广。

③检测灵敏度高。

④对于焊缝等不易检测。

2.斜探头

声束轴线倾斜于检测面即声束倾斜入射到工件的探头，以发射横波居多。

（1）结构

斜探头包括横波探头、表面波探头和兰姆波探头。以横波探头为例，斜探头的基本结构与直探头相似，仅是多了一个使压电晶片与入射面成一定角度的透声楔，以便使得发出的纵波经折射而产生横波。

纵波以在第一临界角和第二临界角之间的透声楔角度入射至工件表面，通过波型转换在钢中得到单一的折射横波。透声楔的形状设计，应使得由界面反射回来的声波在透声楔内经多次反射和散射而消耗掉，不至于回到压电晶片上以便减少杂波，保证对工件的缺陷回波的准确判别。透声楔材料一般选用有机玻璃，其纵波声速为2730m/s。根据检测用的波型，用斯奈尔定律可以计算出合适的透声楔角度。例如，要用横波探头检测钢或铝材，已知钢的横波声速为3230m/s、铝的横波声速为3080m/s，经计算得出透声楔中纵波入射角与在钢中或铝中产生横波折射角之间的关系。

（2）主要结构参数

斜探头的主要结构参数，除公称频率、声束扩散角和晶片尺寸等之外还有：

①声束折射角。一般以其正切值即称为斜探头的K值这一参数来代表。斜探头的公称折射角可为45°、60°或70°，K值可为1.0、1.5、2或2.5。折射角的实测值与标称值的偏差应不超过2°，K值的偏差不应超过±0.1。

② 前沿长度。斜探头的声束入射点至探头前端的水平距离称为斜探头的前沿长度。在实际检测时可用来在工件表面上确定缺陷距探头前端的距离，以便缺陷的定位，其偏差不应超过1mm。

③声束轴线偏向角。探头实际主声束轴线与其理论几何中心轴线之间的夹角称为声束轴线偏向角。对于面积小于声束截面积的规则反射体而言，在位于远场区的圆盘声源轴线上且反射面垂直于声束轴线时，其反射波声压与反射面面积成正比。当反射面不垂直于声束轴线时，反射波声压随反射面与声束轴线的不垂直度的增加而减小。可见，声束轴线偏向角与检测性能密切相关。为保证缺陷定位与缺陷指示长度的测量精度，声束轴线偏向角不应大于2°。

④ 斜探头的入射点。斜探头的入射点是指声束轴线与探头底面的相交点。入射点标记通常刻在斜探头的侧面。

斜探头的声束折射角或K值、前沿长度及声束轴线偏向角应该在探头开始使用时及每隔一段时间按相关标准规定的方法及要求进行检查。

需要注意的是，探头必须和检测仪组合后，才可以测定上述参数。不仅如此，组合后某些参数可能与探头参数值有一定的误差，因此上述参数或性能也可归为检测仪一探头的组合性能。

（3）特性

① 主要用于检测探头斜下方不同角度方向的缺陷。

②检测工件厚度较小，适用于直探头难以检测的部位。

③检测灵敏度较高。

3.双晶探头

（1）结构

双晶探头又称为分割探头，探头内有两块压电晶片，一块用于发射超声波，一块用于接收超声波，中间由声障层分隔。根据入射角的不同，可分为双晶纵波探头和双晶横波探头。很显然，双晶纵波探头的纵波入射角应小于第一临界角 θ_{I}，双晶横波探头的纵波入射角应在第一临界角 θ_{I}和第二临界角 θ_{II}之间。由于发射和接收可以采用不同的压电材料制作，而且发射和接收可以分用不同性能参数的晶片，因此具有较高的灵活性。它主要用于检测近表面缺陷和已知缺陷的定点测量，如对堆焊层的检测，其主要参数为公称频率、压电晶片尺寸和声束交汇区（也即声场重叠区）的范围。

（2特性

①声场重叠区处的检测灵敏度高，常用于定位、定向检测。

②检测工件的厚度较小。

③ 检测灵敏度较高。

④杂波少、盲区小。

⑤ 近场区域较小。⑥检测范围可调。

其他一些特殊探头，如水浸式聚焦探头，连接处的设计考虑了水密性。其聚焦方式分为圆柱形聚焦（即线聚焦）和球形聚焦（即点聚焦），如图 2-34 所示。

（三）探头型号的命名方法

依据JB/T 11276-2012 《无损检测仪器 超声波探头型号命名方法》，探头的型号由标称频率、压电材料、晶片尺寸、探头种类和探头特征共五部分按上述顺序组成。

1. 标称频率

用阿拉伯数字表示，单位为 MHz，如2.5代表标称频率为2.5MHz。

2. 压电材料

用压电材料分子式的缩写符号来表示，如钛酸钡的分子式为 BaTiO，用其缩写符号 B 来代表钛酸钡。

3. 晶片尺寸

用阿拉伯数字来表示，单位为mm。圆形的，用直径表示；方形的，用长×宽表示。

4. 探头种类

基本上是用汉语拼音的缩写符号表示，见表2-8，直探头的“Z”也可以不标出。

5. 探头特征

斜探头的 K 值用阿拉伯数字表示；斜探头的折射角用阿拉伯数字表示，单位为（°）；分割探头在被检工件中的声束交汇区深度用阿拉伯数字表示，单位为 mm；水浸式探头在水中的焦距用阿拉伯数字表示，单位为 mm，DJ 表示点聚焦，XJ 表示线聚焦。

（四）仪器－探头系统的组合性能

检测时需要检测仪和探头组合进行，所以仪器－探头系统的组合性能是与检测效果紧密相关的设备性能，其直接影响检测效果。一般应在新购置超声检测仪或探头时、仪器或探头在维修或更换主要部件后以及检测人员不能确定仪器和探头状态时，应测定仪器－探头系统的组合性能，看是否满足相关标准的规定。仪器－探头系统的组合性能主要包括组合频率、灵敏度余量、远场分辨力、盲区和最大声程的有效灵敏度等。

1.组合频率

超声检测仪和探头组合后，发射的超声波频率可能发生一些变化，故用组合频率来代表检测时的实际超声波频率。组合频率与探头标称频率之间的偏差应不大于10%。

2.灵敏度余量

灵敏度是指检测仪和探头组合后所具有的检测出最小缺陷的能力。在超声检测系统中，以一定电平表示的标准缺陷检测灵敏度与最大检测灵敏度之间的差值称为灵敏度余量，表示反射波高度调节到显示屏的指定高度时，检测仪剩余的放大能力，一般以此时衰减器的读数来表示。在采用直探头时，灵敏度余量应不小于32dB；在采用斜探头时，灵敏度余量应不小于42dB。

3.远场分辨力

超声检测系统能够把声程不同的两个临近缺陷在显示屏上作为两个回波区别出来的能力称为分辨力，分为横向（水平）分辨力和纵向（深度）分辨力，通常是指纵向分辨力。在采用直探头时，远场分辨力应不小于20dB；在采用斜探头时，远场分辨力应不小于12dB。

4.盲区

超声场的近场区不宜用于探伤。盲区是指在正常检测灵敏度下，检测面附近不能检测出缺陷的区域，一般以检测面到能够检测出缺陷的最小距离来表示，仅限于使用直探头时。在基准灵敏度下，对于标称频率为5MHz的直探头，盲区应不大于10mm；对于标称频率为2.5MHz的直探头，盲区应不大于15mm。

5.最大声程的有效灵敏度

在达到所检测工件的最大检测声程时，有效灵敏度应不小于10dB。

以上组合性能中，组合频率的测试方法可按JB/T 10062—1999《超声探伤用探头 性能测试方法》的规定，其他组合性能的测试方法可参照JB/T 9214-2000《无损检测 A型脉冲反射式超声检测系统工作性能测试方法》的规定。

三、超声试块

超声检测与其他许多无损检测方法一样，对被检工件的质量检测与评价，是通过将被检工件的检测结果与“样品”的已知检测结果进行比较而实现的。这类作为比较基准的“样品”，在无损检测中统称为试块或试样。

（一）超声试块的分类及人工反射体

1.超声试块的分类

超声检测是通过工件中缺陷对超声波反射的电子信号来判断缺陷特性的，因此通常需要用未知缺陷的反射波电信号与已知反射体电信号进行特征比对，以便尽量真实地得到工件中的缺陷特性。试块就是专门设计制作的带有简单形状人工反射体来提供已知反射体电信号的超声检测用试件。试块是用于辅助超声检测仪和探头进行超声检测的不可或缺的器材。试块主要用于校验、测试和整定超声检测仪－探头系统的性能，调整检测灵敏度，调整扫描速度，以便于缺陷定位以及对缺陷当量的定量分析。

（1）按标准化程度分类

试块可分为标准试块和对比试块。

① 标准试块。标准试块是由权威机构制定和检定的，具有规定的化学成分、表面状态、热处理工艺和几何形状的材料块，简称STB。如国际焊接学会的IIW试块、日本的STB-G试块和我国的CSK-IB试块等。它主要用于评定和校准超声检测设备，即用于仪器、探头及仪器－探头系统性能的校准，即“设备性能校准”，同时也可用于“工件检测校准”，但不如对比试块有针对性。

②对比试块。对比试块是指与被检工件的化学成分相似并含有意义明确的参考反射体的试块，一般根据检测对象的具体要求而设计，是专用型试块。用以调节超声检测设备的信号幅度和声程，以便将缺陷信号与试块上的已知反射体的信号进行对比，即用于“工件检测校准”。对比试块的外形尺寸应能代表被检工件的特征，试块的厚度应与被检工件的厚度相对应，对比试块一般为一组而非一个。

（2）按用途分类

试块可分为校验试块和灵敏度试块。

① 校验试块。校验试块是用于测试和校验仪器性能指标的试块。

② 灵敏度试块。灵敏度试块是调整仪器和探头的综合性能并确定检测对象中缺陷当量的试块，又称为定量试块。

（3）按人工反射体形状分类

试块可分为平底孔试块、横孔试块、槽口试块和特殊试块。

① 平底孔试块。在垂直于试块底面钻孔，用平行于探测面的圆形平面作为标准反射面。其以平底孔直径尺寸来定量表示缺陷的大小，广泛用于纵波检测。

②横孔试块。在试块侧面加工一定直径和深度的圆孔，用平行于检测面的圆柱面作为标准反射面，广泛用于横波检测。

③ 槽口试块。在表面加工出一定深度、长度和宽度的槽口，槽的轴向与声束轴线垂直，槽口断面形状为矩形、U形和V形，其侧面为标准反射面。主要用于管材、棒材和线材的横波或表面波检测。

④ 特殊试块。为检测某些特殊缺陷而制作的，如为模拟焊接缺陷，可以预埋夹渣

或制作气孔缺陷。

2. 人工反射体

超声试块上常见的人工反射体主要有两大类，即孔和槽。其中，孔形人工反射体主要有横孔和平底孔。具体应该选用哪种人工反射体来校验仪器，取决于被检工件中可能存在的缺陷类型，即尽量选择与可能存在的缺陷的形状、特征相近的人工反射体。

（1）横孔

横孔分为长横孔、短横孔和横通孔。要求横孔的圆柱面或轴线应与检测面平行，误差应不大于±0. 03mm，表面粗糙度值应不大于 3.2μm，孔径和长度的偏差应不大于±0.05mm。

长横孔和横通孔的反射波幅比较稳定，有线状反射体特征，适用于各种角度的斜探头。长横孔和横通孔模拟的焊接缺陷有危害性较大的裂纹、未焊透、未熔合和条状夹渣，主要用于焊接接头、螺栓和铸件的超声检测。短横孔在超声场的近场区表现出线状反射体的特征，在远场区表现出点状反射体的特征，适用于各种角度的斜探头，主要用于焊接接头的超声检测。

（2）平底孔

平底孔底面应与检测面平行，底面的平面度误差应不大于±0. 03mm，表面粗糙度值应不大于 3.2μm，孔径偏差应不大于±0. 05mm。

平底孔一般具有点状的面积型反射体的特点，适用于直探头和双晶探头的校准和检测，主要用于锻件、板材、堆焊层及对接焊接接头的超声检测。

（3）槽口。槽口分为矩形、U 形和 V 形槽口。纵向槽口应与试块轴线平行，而且如果是圆柱形试块则槽口中心面还应与试块轴线重合；横向槽口应与试块轴线垂直。U 形槽口和矩形槽口的两个侧面应互相平行且与试块表面垂直，而且槽底应与两个侧面垂直。V 形槽口的两个侧面的夹角通常为 45°或 60°，槽底和侧面的平面度误差应不大于±0.03mm，表面粗糙度值应不大于 3. 2μm，槽深度的偏差应不大于±0.05mm。

槽口具有表面开口的线状反射体的特点，适用于各种角度的斜探头，主要用于板材、管材及锻件的横波检测，也可模拟表面或近表面缺陷用以调整检测灵敏度。

（二）标准试块

标准试块是由权威官方机构或学术组织制定出制作要求及其特性标准的试块，标准中一般要规定试块的化学成分、材质均匀度、表面粗糙度、热处理规定、几何形状及尺寸精度等。设计标准试块的目的是为检测设备提供具有标准化的反射条件和声传播条件，主要用于评定超声检测仪性能的优劣以及使用超声检测仪时的性能校验和整定。不同的官方机构或学术组织制定的试块标准不同，因而标准试块的种类很多，如国际焊接学会的 IIW 试块、我国的 CSK-IA 和 CSK-IB 试块等。实际上，我国对焊接接头进行超声检测常用的试块主要是上述三种标准试块。

1.IW 试块

IIW 试块是由国际焊接学会制定的标准试块，由荷兰代表首先提出，因此又称为荷兰试块，形似船形故又称为船形试块。

2.CSK-IA

试块和 CSK-IB 试块 我国的 CSK-IA 试块和 CSK-IB 试块，是在 IIW 试块基础上的改进型。

3.11W2 试块

IIW2 试块也是国际焊接学会发布的一款超声波标准试块，其与 IW 试块相比，IW2 试块重量轻、尺寸小而便于携带，形状简单而容易加工，但人工反射体不如 IIW 试块丰富。

4.其他标准试块

除了上述四种标准试块之外，还有其他各种标准试块，如参考 1IW 试块的 US-1 美国通用标准试块，专为美国空军开发的标准试块 US-2、US-1 的小型版 US-mini，AWS 的标准试块，阶梯形校准楔即声程/振幅试块等。

（三）对比试块

对比试块是针对一些特定检测情况而设计制作的非标准试块，一般要求与具体检测条件尽量相同，并依此进行实际工件的超声检测。主要用于调节和校验检测范围和检测灵敏度、评估缺陷的当量尺寸以及将检测得到的电信号与试块中已知反射体的电信号相比较以便判定未知缺陷的特征。对比试块的种类也很多，根据 JB/T 8428—2015《无损检测超声试块通用规范》，常用的对比试块有 CS-1、CS-2（纵波直探头试块）、CS-3（纵波双晶直探头试块）、CS-4（曲面对 比试块）、RB-1、RB-2 及 RB-3 等。GB/T11259—2015《无损检测 超声检测用钢对比试块的制作和控制方法》中规定了另外一种圆柱体含平底孔的对比试块。

（四）试块的标记

依据 JB/T 8428—2015《无损检测超声试块通用规范》，试块的标记格式可为如下之一：

（1）超声试块 标准号－试块类型符号/材料牌号。

（2）标准号－试块类型符号/材料牌号。

（3）超声试块－试块类型符号/材料牌号。

（4）试块类型符号/材料牌号。

其中，标准号为 JB/T 8428；试块类型符号由英文字母、短横及数字组成，包括标准试块的 CSK-IA， CSK-IB （CSK-1B 或 CSK-ZB）以及对比试块的 CS-1， CS-2，CS-3、 CS-4、RB-1、RB-2、RB-3 等；材料牌号由英文字母或数字组成。

（五）试块的用途

1.校验仪器和探头的性能

新仪器和新探头在使用前必须在标准试块上进行测试和验收，使用中也要按照要求定期校验，以便确保检测结果的可靠性和准确性。主要用于校验垂直线性、水平线性、动态范围、灵敏度余量、分辨力、盲区、探头入射点及K值等。

2.确定检测灵敏度

检测灵敏度太高或太低均不好，太高则杂波多、判伤困难，太低则有些缺陷有可能漏检。因此，检测之前通常采用试块上某一特定的人工反射体来调整仪器和探头的组合灵敏度。

3.缺陷的定位定量

在试块上调整仪器显示屏上水平刻度值与实际声程之间的比例关系也即扫描速度，以便对缺陷进行定位。利用对比试块绘制出距离－波幅曲线来给缺陷定量是超声检测常用的缺陷定量方法。实际上是根据缺陷回波幅度和试块的反射体回波幅度进行比较，从而对缺陷进行当量评价。

4.调整检测距离和确定缺陷位置

检测前根据工件的尺寸，在试块上调整检测距离，并依此可对缺陷定位。

5.检测材料的声学特性

对某些新材料的声学特性（如声速、衰减及弹性模量等）均可用特定的对比试块进行检测。

四、耦合剂

耦合剂就是起到排除空气使超声波顺利地耦合到工件中的物质，因此耦合剂首先应具有较高的透声率。耦合剂除了主要起到耦合作用外，还起到扫查时接触式探头和工件间的润滑作用，并且起到便于液浸式探头在表面不平整工件上的扫查动作的作用。一般而言，对耦合剂有如下基本要求：①润湿性要求，即容易附着在工件表面上，并易于在工件表面铺展，有一定的流动性，以便填充粗糙不平的凹陷并排除空气；②耦合性要求，即尽量与被检工件材料的声阻抗相近，以便保证最大的透声率；③安全性要求，即对人无害，对工件无损伤；④清洗性要求，即易于清洗，以便检测后的清除。

耦合剂主要有水、油类及脂类。常用的耦合剂有机油、变压器油、甘油、水、水玻璃、凡士林和化学糨糊等。特殊场合的超声检测，如测量距离、多孔或是低密度材料（如木材）的超声检测，也是可以采用空气耦合方式的，但是通常采用衰减系数小的低频超声波（如25~250kHz的超声波）进行检测，也可以采用在探头下方加入软橡胶或塑料片，即干压耦合方式。当工件形状比较特殊，也可以使用与工件轮廓相符的接触楔块，以获得良好的超声耦合。此外，当进行高温工件的超声检测时，对耦合剂还有特殊的耐高温要求，如可以采用低熔点共晶合金作为耦合剂。

第三节　超声检测工艺

因检测技术的不同，超声检测有工艺上的差别。不仅如此，检测工艺也因检测对象的不同而有一些差别。下面主要介绍最常用的采用单探头或双探头、利用横波或纵波、直接接触式A型显示脉冲反射式手工超声检测的具体工艺。超声检测的通用过程一般包括检测前的准备、器材选择及仪器调整、扫查工艺及缺陷信号的判定等。

一、检测前的准备

检测前的准备工作，超声检测与射线检测有一些相似之处，如检测时机的选择等，请参考射线检测一章的相关内容。

（一）对检测人员的基本要求

超声检测人员必须掌握超声检测的基本技能和一定的材料与材料成型工艺方面的基础知识，具有足够的超声检测经验和责任心，并经过专门培训和严格考核，持有相应考核组织颁发的等级资格证书，并从事符合相应资格的超声检测工作。此外，检测人员的矫正视力不得低于1.0。

（二）检测区和检测面的选择

首先，应根据工件材料及材料成型工艺特点，分析可能的缺陷类型，并根据缺陷的可能位置、形状、尺寸、取向、数量和分布特点来确定检测区和检测面。一般应根据缺陷的可能取向，使超声波尽量垂直于缺陷的主反射面。其次，应根据工件形状确定可能的声入射面或反射面，如长度很大的棒状原材料一般只能从圆周面进行超声检测。再次，应结合具体的检测工艺进行选择，如是纵波检测还是横波检测，是单探头还是双探头等。最后，根据上述分析综合考虑来选择最终的检测面。

（三）工件的准备

为提高超声波在检测面上的透声性能，应对探头移动区进行外观检查。检测前应彻底清除探头移动区内的焊接飞溅物、松动的氧化皮或锈蚀层、折叠、毛刺、油污、颗粒物及其他表面附着物。材质均匀度，应能满足欲检出的最小缺陷的信号幅度与无关噪声信号幅度比大于或等于6dB。检测表面的粗糙度值一般不超过6.3μm，以利于探头的自由移动、提高检测速度，并避免探头的过度磨损。

如果工件的实际检测面与对比试块表面之间最大的超声波传播损失差超过2dB（包括表面耦合损失和材质衰减），则应在调节灵敏度时予以补偿。一般情况下，焊缝表面不必再做修整。但若焊缝的余高形状或咬边等缺陷给正确评价检测结果造成困难，则需要对焊缝的相应部位做适当的修磨以使其圆滑过渡，甚至去除焊缝余高至与母材表面平齐。

（四）检测技术等级的确定

并不是所有的超声检测都对检测技术进行等级划分，超声检测技术的等级划分主要用于某些焊接接头的超声检测中。但是，检测技术等级的划分是便于超声检测技术的交流及规范化，应该积极推行这种做法。不同的标准具有不同的等级划分，如NB/T 47013.3-2015《承压设备无损检测 第3部分：超声检测》中对承压设备的1形焊接接头的超声检测进行了检测技术等级划分，分为A、B、C三个等级，A级最低、B级一般、C级最高。但是GB/T 11345-2013《焊缝无损检测超声检测 技术、检测等级和评定》中将超声检测技术等级划分为A、B、C、D四个等级，其中A、B、C等级划分与NB/T47013.3-2015相似，D级仅在特殊应用中使用。设计和工艺技术人员应在尽量充分考虑超声检测可行性的基础上进行结构设计并确定制造工艺，以避免工件的几何形状限制相应检测技术等级的可实施性和有效性。在NB/T 47013.3-2015中规定，选择超声检测技术等级时，应注意符合制造和安装等有关规范、标准及设计图样的规定。制造和安装承压设备时的焊接接头的超声检测，一般应选择B级；对重要承压设备的焊接接头，一般应选择C级。

二、器材选择及仪器调整

超声检测仪、探头、试块和耦合剂组成一套完整的超声检测系统。它们之间是互相关联的，并与具体的检测技术相关。例如：如果选用两个探头一发一收，则检测仪应具有相应的一发一收接口及工作方式；再如根据工件特点决定采用液浸法进行超声检测，探头及耦合剂的选择则比较确定，超声检测仪和试块的选择也要考虑到这种检测工艺的特点等。也就是，虽然可以分别考虑超声检测仪、探头、试块和耦合剂的选择，但一般要根据具体的检测技术并综合考虑超声检测仪、探头、试块和耦合剂的选择规则，予以一个适当的选择和使用。

（一）耦合剂的选择和使用

超声耦合就是将探头发射出的超声波传播到工件中。超声检测通常采用在探头和检测面之间涂布耦合剂的方式实现直接耦合。对于表面不平整或探头不可达等特殊情况下，也可采用将工件浸入到耦合剂中，探头不接触工件并在耦合剂中完成扫查（即液浸法）的方式实现间接耦合。虽然还有干压耦合、空气耦合及液体喷射耦合等其他耦合方式，但较少使用。耦合剂的声阻抗、耦合层的厚度、工件表面的粗糙度以及工件表面形状，直接影响超声耦合的效果。

1.耦合剂的选择

常用的耦合剂有变压器油、机油、甘油、水、水玻璃、凡士林和化学糨糊等。甘油的声阻抗高，有很好的透声性和水洗性但价格较贵，主要用于重要工件的精确检测。水玻璃的声阻抗较高，常用于粗糙表面工件的检测，但不易清洗且对工件有一定的腐蚀作用。糨糊的透声性与机油相比差别不大且成本低，但因糨糊黏度较大且具有良好的水洗性，因而更适宜在非水平位置（如垂直检测位置）上使用。用水作为耦合剂时，虽然成本低但存在着易流失、易使工件生锈及有时存在着润湿性问题等，因此一般应在其中加入适量的润湿剂、活性剂及消泡剂等来改善其耦合性能。机油或变压器油的黏度、流动性、润湿性及附着力适当且对工件无腐蚀，成本也较低，因此得到大量、广泛的使用。

2. 耦合层的厚度

在直接耦合条件下，最优的耦合层厚度为在耦合介质中传播的超声波的 0.5 λ 的整数倍。但在手工扫查中，要长时间地将耦合层厚度精确控制在这一水平难以实现。但理论和实践均已证明，当耦合层厚度小于在耦合介质中传播的超声波的 0. 25λ 时，超声波在检测面上的往复透射率将随耦合层厚度的减薄而增大。因此，在不影响扫查动作等的前提下，“越薄越好”是确定耦合层厚度的一条基本原则。

3. 耦合剂的温度

耦合剂的性能是随着温度发生变化的，因此在进行液浸法超声检测时，仪器校验时的耦合剂与检测时的耦合剂温差一般应控制在 14℃以内。

（二）试块的选择和使用

1. 试块的选择

试块有很多种，具体应该选择哪些试块，取决于使用试块的目的。试块无外乎有两种用途，即设备性能校准和工件检测校准。就超声检测工艺而言，无论选择标准试块还是对比试块，均可以完成工件检测前的检测信号的校准。如果超声检测是依据某标准进行，并且规定了所应该采用的试块型号，则应依据标准选择试块。如果没有可依据的标准，一般可按如下规则来选择试块：

（1）要注意试块材料应与被检工件的材料相同或相近，很显然不能用铝材试块校准后去检测钢质工件。当检测异种金属焊接接头时，应根据检测侧的工件材料来选择相应材料的试块，如果是从焊缝两侧检测则应选择相应材料的试块校验仪器后进行检测。

（2）虽然标准试块和对比试块均可以完成检测信号的校准，但对比试块更有针对性，因此应尽量选用对比试块来完成检测时的信号校准。

（3）选择对比试块要注意其外形尺寸应能代表被检工件的特征，尤其是试块厚度应与被检工件的厚度相对应。如果是检测不同厚度工件，则试块厚度应依据较大工件厚度来选择确定。如果不同工件的厚度差过大，则应采用不同厚度的试块。

（4）选择对比试块时，要注意尽量选择含有与欲检测缺陷类型相近似的人工反射体的对比试块。人工反射体的形状、尺寸和数量有标准予以规定的，则依据标准来选择适宜的对比试块。

2. 试块的使用方法

接触法超声检测时，除了要注意试块与检测表面的温差一般应控制在14℃以内等细节工艺之外，试块主要用于调校检测仪－探头的组合性能及对缺陷当量的标定。

（三）探头的选择和配置

1.探头的选择

探头的选择一般应考虑如下因素：检测方式、波形、接触方式、超声频率、探头尺寸限制、折射角或K值、保护膜、楔块、被检工件的温度、检测灵敏度及其他（如材料微观组织不均匀性等）。在实际超声检测中，应根据相应的检测技术等级、被检工件的特点及拟检出的缺陷种类等具体条件来确定探头的频率、尺寸和声束折射角等主要的探头特性，依此并尽量兼顾探头选择的各种因素来选择适宜的探头。

（1）频率的选择

频率一般应在2~5MHz范围内选择，同时应依照验收等级要求来选择合适的频率。

① 应满足检测灵敏度的要求，即波长应足够小，但也不能太小以免产生过多杂波。一般而言，频率上限由衰减和草状回波的信噪比决定，频率下限由检测灵敏度、脉冲宽度和指向性来决定。

② 要考虑入射声束与缺陷取向之间的关系。若缺陷垂直于入射声束，则宜选用指向性好、声能集中、遇界面反射强烈的高频声束。而对那些与入射声束斜交的面积型缺陷，则宜选用对缺陷取向敏感性较差的低频声束。

③ 要考虑到有关标准对系统远场分辨力的要求。检测频率越高，系统的远场分辨力越好，对缺陷定位也就越准确。

④ 需要注意可检测的厚度要求。频率越高，材料对超声波的衰减越大，可检测的距离也就越小。当被检工件的衰减系数高于材料的平均衰减系数时，如有必要则可选择1MHz左右较低的检测频率。

在实际检测中许多因素难以预知的情况下，可以从以下两方面来衡量选择的频率是否适宜：①在该频率下检测时能发现检测范围内所有规定发现的缺陷；②仪器尚存有足够的灵敏度余量和无妨碍辨认缺陷回波的杂波信号，并且信噪比大于2。为兼顾较高的检出率和较高的定位定量精度这两方面的需要，可以在初始检测（即粗检测）时使用标准允许的下限频率，以避免因杂波过多导致缺陷漏检。在规定检测（即精检测）时在允许的范围内适当提高频率，以提高缺陷定位和定量结果的准确性。

（2）探头尺寸的选择

探头尺寸选择实际上是探头压电晶片尺寸的选择，与频率和声程相关，一般应遵循以下原则：

① 在相同的频率下，晶片尺寸越小则近场长度和声束宽度越小，远场中声束扩散角越大，反之则相反。直径为6~12mm的圆形晶片或等效面积的矩形晶片的探头，适合于短声程检测。直径为12~24mm的圆形晶片或等效面积的矩形晶片的探头，适合

于长声程检测，如单晶直探头检测大于100mm的声程或斜探头检测大于200mm的声程。

② 探头发射的初始声压与压电晶片的尺寸成正比。从增加检测距离，弥补超声波的材质衰减损失的角度考虑，选用大尺寸探头不失为一种有效方法。

③ 在移动区凹凸不平、表面粗糙度值或曲率较大的情况下，为减少透射声能损失且方便探头扫查，应选用小尺寸探头。

（3）斜探头声束折射角或K值的选择

斜探头主要用于焊接接头的超声检测，斜探头声束折射角或K值应根据母材厚度、焊接接头坡口形式及欲检测的缺陷种类来选择。选择原则为既要保证超声波束能覆盖整个焊缝截面，又要让入射声束尽可能垂直于缺陷主平面。当采用非一次波法（即采用二次波法等）时，应保证声束与工件底面法线的夹角在35°－70°。当使用多个斜探头进行检测时，其中一个探头应符合上述要求，且应保证一个探头的声束尽可能与焊缝熔合面垂直，以免漏检未熔合缺陷。还要注意，当选用多个斜探头进行检测时，斜探头间的折射角相差应不小于10°。

（4）探头数量的选择

超声检测时，应该采用的探头数量与具体的检测条件相关。采用的探头数量一般为1个或2个，即所谓的单探头检测或双探头检测。当工件双面可达时，可以采用单探头或双探头；当只能接触到工件一面时，通常采用单探头。双探头检测，一般是一个探头发射，一个探头接收。特殊场合检测，有可能选择多探头检测。

（5）探头类型的选择

超声检测中常用的探头类型主要有纵波直探头、横波斜探头、纵波斜探头、双晶探头和聚焦探头等。

简单而言，检测平行于检测面的近表面缺陷，用双晶纵波探头；检测薄壁管焊缝根部缺陷，用双晶横波探头；检测管材和棒材尤其是小直径管材和棒材，用水浸聚焦探头；检测晶粒粗大的铁素体不锈钢、奥氏体不锈钢和镍基合金焊接接头，用纵波斜探头；用延时法检测表面裂纹深度，用表面波探头；检测厚度小于6mm的薄板，用板波探头；欲提高灵敏度及便于缺陷定位，用声能集中的点聚焦或线聚焦探头。选择的依据是：工件形状，可能出现缺陷的部位，可能缺陷的大小、方向及形状等。选择的原则是：使声束轴线尽量垂直于缺陷的主反射面。纵波直探头的声束轴线垂直于探头移动面，因此主要用于检测与探头移动面平行或近似平行的缺陷，如锻件或钢板中的夹层、折叠等缺陷。横波斜探头的声束轴线与探头移动面成一定的角度，因此主要用于检测与探头移动面垂直或成一定角度的缺陷，如焊接接头中的未焊透、裂纹、未熔合、气孔及夹渣等。此外，由于在同一介质中的横波波长比纵波波长短，因此横波斜探头的检测灵敏度要高于纵波直探头。纵波斜探头的声束轴线与探头移动面也成一定的角度，因此也主要用于检测与探头移动面垂直或成一定角度的缺陷。但纵波斜探头一般在采用横波斜探头时横波衰减过大导致难以检测时才被选择使用。由于纵波斜探头发射的声束既有纵波也有横波，因此需要注意横波对检测的干扰。双晶探头由于其一收一发，因此避免了单晶片的振铃效应，非常适合厚度测量及薄壁工件或近表面缺陷的检测。水浸聚焦探头往往多用于管材或曲面工件缺陷的检测。

2.探头的配置

根据超声检测时采用的探头数目，可分为单探头法、双探头法和多探头法，在实际超声检测中常用单探头法和双探头法。其中双探头法，可将两个探头的相对位置配置为交叉式、V 形串列式、K 形串列式和普通串列式。

（四）仪器的选择、检查与调节

1.超声检测仪的选择

超声检测仪因检测目的的不同而不同，下面主要以 A 型显示脉冲反射式超声探伤仪作为对象进行介绍。超声探伤仪对超声检测的重要性毋庸赘言，一般应从探伤对象的材料种类、实际检测工况以及可能存在的缺陷特点等进行选择。现在最常用的 A 型显示脉冲反射式超声探伤仪的基本功能（如参量选择功能）及基本特性（如准确度、稳定性等）能满足通常的超声检测要求。因此，应根据具体检测对象的材料、材料成型工艺方法、可能的缺陷特点及探伤目标等来选择适宜的超声探伤仪。一般可依据如下规则进行选择：

（1）对于缺陷定位要求高的，应选择水平线性好的超声探伤仪。

（2）对于缺陷定量要求高的，应选择垂直线性好的超声探伤仪。

（3）对于有可能是密集缺陷或怀疑一个缺陷信号可能是相邻两个或多个缺陷的合成信号时，应换选分辨力更好的超声探伤仪。

（4）对于工业现场探伤的，应选择重量轻、显示屏亮度高且可调的最好是无视觉角度问题的 LED 屏、抗电磁干扰能力强的便携式超声探伤仪。

（5）检测大厚度或声能高衰减工件时，应选择发射功率大、可调增益范围广及仪器自身电噪声低的超声探伤仪。

（6）进行快速自动扫查时，应选择最高重复频率较高的超声探伤仪。

（7）对于厚度较小工件探伤或是近表面缺陷探伤时，应选择可将发射脉冲调节为窄脉冲的超声探伤仪。

2.超声检测仪的检查

每次检测前，应先在对比试块上校验已调整好的时基线定位比例和距离－波幅曲线的灵敏度，校验点不少于两点。并且使用斜探头时，由于有机玻璃楔块容易磨损，因此每次检测前应测定声束入射点或前沿距离和折射角或 K 值。如果校验点的反射波在时基线上的读数相对原读数的偏差超过了原读数值的 10% 或时基线满刻度的 5%（以两者中的较小值计），就应重新测定前一次校验后已经记录的缺陷的位置参数。如果校验点的反射波幅相对距离－波幅曲线降低了 20% 或 2dB 以上，就应重新调节检测灵敏度并重新检测前一次校验后检测的部位。如果校验点的反射波幅相对距离—波幅曲线增加了20%或2dB以上，也应重新调节检测灵敏度，重新测定前一次校验后已经记录的缺陷的尺寸参数。

3.超声检测仪的调节方法

（1）检测范围与时基线的调节

在仪器显示屏上，时基线表示的是直探头能够检测的最大板厚或斜探头能够检测的最大声程，或与之相对应的水平或垂直距离称为检测范围。确定检测范围应以尽量扩大显示屏的观察视野为原则，一般要占时基线满刻度的2/3以上。

（2）灵敏度校准技术

超声检测的灵敏度是指在最大检测距离上可检出的最小缺陷尺寸及其反射波高度。在校准时基线后，超声检测仪的灵敏度校准可以采用如下技术之一进行。

（3）灵敏度调节方法

选用材质、形状、表面状态、人工反射体尺寸和位置均与可能缺陷基本一致的对比试块。置探头于对比试块上的适当位置并给予良好耦合，以获得人工反射体的最大反射波 调节仪器的“增益”或“衰减”旋钮使反射波达到某一规定的高度，此时衰减器上还应至少保留有10dB的余量。

三、扫查工艺

探头移动速度即是扫查速度，由于过快的扫查速度在一定程度上影响检测结果的稳定性和真实性，因此扫查速度一般不应大于150mm/s。直探头声束轴线与探头轴线相重合，一般用于发现探头之下轴线附近的缺陷，因此扫查方式主要是依据欲检测部位，直接进行扫查。但是，斜探头由于存在一定的声束折射角，加之检测对象的复杂性，因此要遵循一定的扫查规则。

（一）发现缺陷的扫查方式

在对接焊接接头的超声检测中，以发现缺陷为目的的斜探头扫查方式分为锯齿形扫查、平行扫查和方形扫查。

1.锯齿形扫查

为检测焊缝及其热影响区内的纵向缺陷，斜探头在检测面上沿锯齿形轨迹做垂直于焊缝的往复移动即所谓锯齿形扫查。在锯齿形扫查中，斜探头在相对焊缝做前后移动的同时应辅以10°～15°角的转动，前后移动范围应满足探头移动区的规定。确定锯齿间距的原则是保证探头处于相邻位置时，在其宽度上至少有10%的重叠。

2.平行扫查

为检测焊缝及其热影响区内的横向缺陷，斜探头在靠近焊缝的母材上或在磨平余高后的焊缝上做平行于焊缝方向的往复移动即所谓平行扫查。斜平行扫查是平行扫查的一种变化形式，即在检测面上斜探头与焊缝成一定角度做平行于焊缝方向的往复移动。用这种扫查方法检测横向缺陷时，DAC 中各线的灵敏度均应再提高 6dB。

3. 方形扫查

方形扫查分为横方形扫查和纵方形扫查。斜探头此时平行于焊缝移动或垂直于焊缝移动，可以发现纵向缺陷或横向缺陷。相比于锯齿形扫查，由于方形扫查更易于动作控制，因此通常用于自动化焊缝超声检测中。

（二）分析缺陷的扫查方式

在对接焊接接头的超声检测中采用分析缺陷的各种扫查方式，目的是观察缺陷信号的动态波形以便尽可能多地得到有关缺陷位置、取向、形状与大小等多方面的信息并评定缺陷。基本扫查方式包括转角扫查、环绕扫查、前后扫查和左右扫查四种。

1. 转角扫查

斜探头在检测面上做定点转动即所谓转角扫查。这种扫查方式有助于确定缺陷的取向以及区分点状缺陷和条状缺陷。例如，如果是点状缺陷，则转角扫查时缺陷波时有时无，但条状缺陷则持续出现缺陷波。

2. 环绕扫查

以缺陷为中心，斜探头在检测面上做环绕运动即所谓环绕扫查。这种扫查方式特别有助于辨别缺陷形状，特别是点状缺陷的识别。例如，如果是点状缺陷，则声程变化不大，因此显示屏上缺陷波的水平位置也变化不大。

3. 前后扫查

斜探头在检测面上做垂直于焊缝的前后移动即所谓前后扫查。前后扫查改变的是声束作用到焊接接头上板厚方向的深度，因此用这种扫查方式可以估计缺陷沿板厚方向的延伸长度（即缺陷自身高度）和缺陷的埋藏深度。

4. 左右扫查

斜探头在检测面上做与焊缝方向平行的左右移动即所谓左右扫查。用这种扫查方式有助于区别点状缺陷和条状缺陷。此外，由于左右扫查改变的是声束沿焊缝方向的位置，所以可以测定缺陷沿焊缝轴线方向的指示长度（即纵向缺陷长度）。左右扫查区分点状缺陷和条状缺陷的原理与转角扫查相似。

除了上述扫查方式之外，还有其他一些特殊扫查方式，如螺旋扫查（即管子或探头沿管子的长度方向即纵向移动的同时进行转动的扫查）等。

四、缺陷信号的判定

A 型显示脉冲反射式超声检测，是依据显示屏上缺陷波出现的位置、幅度及其在扫查中表现出的波形特征来判断缺陷性质并进行定量的。缺陷波形分为静态波形和动态波形两大类，分别是指探头静止或移动时的缺陷波波形。对缺陷信号的判定，不仅需要掌握原材料缺陷和材料加工工艺缺陷的相关知识以及典型缺陷波形特征与缺陷的可能关系（即波形模式），还要具有丰富的超声检测实际经验。

缺陷信号的判定，包括对缺陷的定性和定量。对缺陷的定性，包括对缺陷类型（如是点状缺陷还是条形缺陷）、分布形态（如是单个缺陷还是密集缺陷）等的判断，主要是依据缺陷回波的波形形态来判断。对缺陷的定量，包括对缺陷位置的确定和缺陷尺寸的确定。对缺陷定量时，应在缺陷的最大反射波幅处进行，并且应充分移动探头进行检测以获得缺陷的真正的最大反射波幅，包括使用不同折射角或K值的斜探头或从不同检测面或检测侧检测同一缺陷时获得的最大缺陷波幅。

（一）缺陷回波动态模式

在A型显示脉冲反射式超声检测中，仪器显示屏上的反射信号仅可能提供有关缺陷位置、形状、取向及指示长度等方面的信息，不能直观显示缺陷的类型。在焊接接头超声检测中，判断缺陷性质是指用焊接缺陷术语为缺陷定名，这是A型显示脉冲反射式超声检测方法目前难以很好解决的问题。尽管在实际检测中有时也能给出这样的定名，但其准确程度在很大程度上要取决于检测人员的技术水平和对焊接工艺的熟悉程度。为提高这种判断的准确性，检测人员有必要掌握不同的焊接方法及不同材料接头内容易产生的典型缺陷及其分布特征。通过分析缺陷回波信号的特征并结合焊接缺陷特点，就缺陷性质做出综合判断。就缺陷回波提供的信息而言，缺陷回波幅度随斜探头移动而变化的动态波形与缺陷形状和缺陷反射面的状态有关。用斜探头的四种基本扫查方式测出并记录下缺陷回波幅度的变化情况，然后分析缺陷回波包络线的形状及探头扫查时回波在显示屏上游动的特征，较之分析探头固定不动时得到的静态波形，可以获得更多有关缺陷性质的信息。缺回波波形的某些典型的动态变化，具有较固定的、较明确的缺陷信息。缺陷回波动态模式可分为回波模式1-点状反射体、回波模式11-光滑平面反射体、回波模式III－粗糙平面反射体和回波模式V-密集型反射体。

（二）缺陷位置的确定

1. 直探头检测时缺陷位置的确定

直探头直接接触式超声检测时，由于直探头的纵波声束轴线与直探头的几何轴线重合，如果有缺陷回波即可认为缺陷在探头的正下方，虽然声束偏斜且声束有一定的宽度，但是在检测精度允许的情况下仍然可以认为缺陷在探头的正下方。缺陷的深度可由时基线的调节比例n来确定，即如果缺陷回波前沿所在的水平刻度为x，则缺陷至工件表面的距离（即缺陷的埋藏深度）h=nx。也可以从显示屏上的始波、缺陷波和一次底波之间的水平位置的比例来确定，如缺陷波在始波和一次底波的正中间，则缺陷的深度为工件厚度的中间位置。

2. 横波斜探头检测时缺陷位置的确定

横波斜探头直接接触式超声检测时，并通过折射角或K值以及几何关系计算出缺陷与探头的水平距离L和距离检测面的深度h，即可对缺陷定位。

（三）缺陷尺寸的确定

由于自然缺陷的形状和反射超声波的形态是多种多样的，因此很难简单地通过回波来确定缺陷的真实尺寸。目前主要是通过缺陷回波的幅度以及沿工件表面测出的缺陷延伸范围等，来确定缺陷的尺寸。具体方法主要有缺陷回波幅度当量法和缺陷指示长度测量法。

1.缺陷回波幅度当量法

缺陷回波幅度当量法是将缺陷的回波幅度与规则形状的人工反射体的回波幅度进行比较来确定缺陷尺寸的方法。在材质基本相同的前提下，如果缺陷和人工反射体的埋藏深度相同、回波幅度相等，则可认为该人工反射体的反射面尺寸就是缺陷的当量尺寸。

2.缺陷指示长度测量法

在超声检测中，如果是大尺寸缺陷，即反射面积大于声束截面或长度大于声束截面的直径的缺陷（如条形缺陷），则按规定的方法和灵敏度，用沿缺陷延伸方向平行移动探头（即左右扫查）的方法确定缺陷边界而测量得到的缺陷尺寸称为缺陷指示长度。当扫查以便确定缺陷边界时，声束的一部分离开缺陷时，缺陷对超声波的反射减弱导致缺陷回波幅度降低。但是，由于声束具有一定的宽度，如果以完全没有缺陷回波为缺陷边界是不科学的，而且在实际检测中难以界定缺陷回波完全消失的临界位置。

由于影响测量结果的因素很多，如测量方法、操作者技术水平、仪器精度及缺陷本身形态等，因而不能认为指示长度即是缺陷的真实长度。根据灵敏度基准不同，测定缺陷指示长度的方法主要有两种，即相对灵敏度法和绝对灵敏度法。

五、超声检测工艺文件

参照相关规范、标准和有关的技术文件，结合本单位的特点和技术条件，根据上述超声检测工艺内容来编制“超声检测工艺规程”。根据具体的检测对象，编制“超声检测操作指导书”或“超声检测工艺卡”，用以检测过程的具体指导。根据检测过程中的现场操作的实际情况，将检测过程的有关信息和数据记入到“超声检测记录”中。依据“超声检测记录”，出具总结性工艺文件，即“超声检测报告”。超声检测工艺规程规定了与超声检测相关的因素及具体参数范围或要求，一般应进行实际验证其可行性。如果实际检测过程中的相关因素超出工艺规程规定的参数范围或要求，一般应重新编制或修订并验证新的工艺规程的可行性。超声检测操作指导书或超声检测工艺卡一般是根据工艺规程的内容及具体的检测对象特点进行编制，用以指导具体的超声检测操作。在首次应用前应该进行工艺验证，可通过相关的对比试块进行，验证内容包括检测范围内灵敏度、信噪比等是否满足检测要求。超声检测记录是对实际检测过程中的工艺及其参数范围的记录，一般具有单一的参数数值和具体工艺。超声检测报告是对某检测项目的总结性文件，并给出检测结论。

（一）超声检测工艺规程

超声检测工艺规程要求的内容：

（1）工艺规程的版本号。

（2）适用范围。

（3）检测人员资格要求。

（4）依据的规范、标准或其他技术文件。

（5）检测设备和器材：①检定、校准或核查的要求及运行核查的项目、周期和性能指标；②检测仪器，包括仪器类型、型号等；③探头，包括类型、标称频率、晶片形状及尺寸和斜探头的折射角等，还包括专用探头、楔块、衬垫或鞍座；④所用的试块及校准方法；⑤耦合剂，包括耦合剂牌号、类型及名称等。

（6）工艺规程涉及的相关因素项目及其范围。

（7）检测对象，包括形状、规格、材质及进行检测的表面状态等，如焊缝形状、材料厚度、产品形式（如管材或板材）；不同检测对象的检测技术和检测工艺选择。

（8）检测实施要求：检测技术，包括是直探头检测还是斜探头检测、在工件中的波型是纵波还是横波、是直接接触式还是液浸法等；扫查方式，是手动扫查方式还是自动扫查方式、扫查方向及范围等；检测时机、检测前的表面准备要求、检测标记及检测后处理要求等；缺陷的定量、缺陷信号的鉴别方法（几何形状）及测定信号大小的方法等。

（9）检测结果的评定和质量分级。

（10）对操作指导书的要求。

（11）对检测记录的要求。

（12）对检测报告的要求。

（13）编制者及其资格等级、审核者及其资格等级和批准者。

（14）编制日期。

（二）超声检测操作指导书

超声检测操作指导书要求的内容：

（1）操作指导书编号。

（2）依据的工艺规程及其版本号。

（3）检测技术要求，包括执行标准、检测时机、检测比例及合格级别。

（4）检测对象，包括工件的类别、名称、编号、规格尺寸、材质、热处理状态及检测部位（包括检测范围）。

（5）检测设备和器材：①检测仪器，包括仪器类型、型号等；②探头，包括类型、标称频率、晶片形状及尺寸和斜探头的折射角等，还包括专用探头、楔块、衬垫或鞍座；③所用的试块及校准方法；④耦合剂，包括耦合剂牌号、类型及名称等；⑤

仪器和探头工作性能检查的项目、时机和性能指标。

（6）检测程序。

（7）检测技术，包括是直探头检测还是斜探头检测、在工件中的波型是纵波还是横波、是直接接触式还是液浸法、检测前的表面准备、扫查方向及范围、检测工艺参数、检测示意图、缺陷的定量方法、检测记录和评定要求等与检测实施相关的技术要求。

（8）编制者及其资格等级和审核者及其资格等级。

（9）编制日期。

（三）超声检测记录

超声检测记录要求的内容：

（1）检测依据的规程或工艺卡编号及版本号，以及记录编号。

（2）检测技术要求，即所执行的检测标准和合格级别。

（3）检测技术等级（如果有）。

（4）检测对象，包括名称、编号、规格尺寸、材质和热处理状态。

（5）检测设备和器材：①超声检测仪型号和编号，一般应包括制造厂产品编号；②探头型号和编号，一般应包括制造厂产品编号及探头类型、晶片尺寸、折射角或K值、标称频率等；③试块型号；④所用耦合剂的牌号或类型；⑤所用的探头线、类型和长度；⑥其他设备器材（使用时），如楔块、衬垫、自动扫查设备及记录设备等。

（6）检测工艺，包括：①检测范围，如焊缝编号和部位、限制接近的区域或不能接近的焊缝部位等；②检测位置，即检测面和检测侧；③检测比例；④检测时机；⑤表面状态及其处理方法等；⑥扫查方式；⑦检测灵敏度；⑧耦合补偿量及其他需要记录的检测工艺。

（7）检测结果，包括：①检测部位示意图；②缺陷位置、尺寸及回波幅度等；③缺陷评定级别；④如果要求，应记录缺陷类型及缺陷自身高度等。

（8）实际检测人员及其资格等级和复核人员及其资格等级。

（9）检测日期和地点。

（10）其他需要说明或记录的事项。

（四）超声检测报告

超声检测报告应依据超声检测记录出具，一般应包括如下内容：

（1）报告编号。

（2）委托单位、委托单及检测合同编号等。

（3）检测技术要求，即所执行的标准和合格级别。

（4）所采用的检测技术等级。

（5）所采用的超声检测规程版本号。

（6）检测对象，包括产品类别，检测对象的名称、编号、规格尺寸、材质和热处理状态，检测部位和检测比例，检测时的表面状态，检测时机及工件温度等。

（7）检测设备和器材：①超声检测仪制造商、机型和编号；②探头制造商、类型、标称频率、晶片尺寸、折射角度和编号；③试块型号；④耦合剂的名称及类型等。

（8）检测部位示意图以及发现缺陷的位置、尺寸及分布，检测工艺参数。

（9）检测结果和检测结论。

（10）编制者及其资格等级和审核者及其资格等级。

（11）检测地点和日期。

（12）检测机构标识和检测人员资格认证信息。

（13）应写明与检测标准或合同要求的偏离（如果有）。

（14）编制日期。

第四章　渗透检测

利用渗透力极强并易于显式观察的液体，通过毛细作用渗入到固体材料表面开口缺陷中，在将表面多余液体清除干净后，再通过毛细作用将渗入到表面开口缺陷中的液体吸出到表面上从而发现缺陷的方法，称为渗透检测。渗透检测是五种常规无损检测方法之一。特别地，专为得到工件表面损伤信息的渗透检测称为渗透探伤，并且渗透检测主要就是用于探伤，是三种工件表面和近表面缺陷常规探伤方法之一。

渗透检测的基本原理是，当将渗透剂铺散到清洁、干燥的工件表面时，如果工件存在着表面开口缺陷，则渗透力极强的渗透剂将渗入到缺陷中，待到充分渗入之后，通过去除剂以合适的方式清除干净工件表面上的渗透剂，并要保证缺陷中的渗透剂不被清洗或很少被清洗。然后通过专用的显像剂来将缺陷中的渗透剂吸出到表面上来发现缺陷，并得到缺陷的位置、形状、类型、大小及走向等缺陷信息。

由于渗透剂在显像剂中扩散性强，故有对缺陷宽度的放大作用，因此渗透检测往往可以检测非常细小的缺陷。如果采用着色渗透剂，则称为着色渗透探伤；如果采用荧光渗透剂，则称为荧光渗透探伤。

渗透检测发展至今，渗透检测标准逐步完善成熟，渗透检测的半自动化检测线也得到越来越多的应用，尤其是在渗透材料的质量和灵敏度方面得到较大的提高，以及采用数字摄像扫描并输入到计算机进行数据存储和图像处理来提高检测的重现性和缺陷轮廓的清晰度等，近些年都取得了一系列新进展。如两用渗透剂，即渗透剂中含有着色染料和荧光染料，可用于灵敏度要求不高时的着色渗透法，也可用于灵敏度要求较高时的荧光渗透法；冷光法，即在显像剂施加时渗透剂和显像剂混合而产生荧光；液晶法，即利用液晶对溶剂的旋光效应，使得液晶显现出彩色从而指示缺陷；真空渗透法，即施加渗透液后将工件放入真空箱中，可使缺陷中的空气逸出而增加渗透深度，使得检测灵敏度提高；超声振动法，即在渗透过程中对工件施加超声振动，提高渗透效率和检测灵敏度等。

渗透检测的应用领域广泛，主要应用于航空航天、核工业、兵器、造船、特种设备、机械、冶金、化工装备、矿业及交通等工业领域。其一般用于磁粉检测不能检测的非铁磁性材料，可检测除了泡沫金属之外的非松孔性金属材料，包括黑色金属和有色金属，以及非松孔性非金属材料，如奥氏体不锈钢、各种有色金属、玻璃、橡胶、塑料及釉面陶瓷、致密性陶瓷等大多数的陶瓷。其可检测的主要缺陷类型包括焊缝表面的针气孔、裂纹及未熔合，以及工件中的疲劳裂纹、淬火裂纹、研磨裂纹、过载造成的裂纹、发纹、折叠、冷隔、分层及贯穿孔等缺陷，也可以检测材料的多孔性。

与同为材料表面和近表面缺陷检测方法的磁粉检测和涡流检测相比较，渗透检测的主要优点是：对表面微细裂纹有较高的灵敏度，甚至可以检测出0.1μm开口宽度的缺陷；对材料类型的限制很少，无论是金属还是非金属、导体还是非导体、铁磁性材料还是非铁磁性材料，只要是非松孔性材料，均可检测；大面积或大体积工件可以低成本、高效率地进行检测；不受工件复杂的结构和几何形状所限制；缺陷显示直接展示在缺陷的实际位置上，结果直观、可靠；喷罐检测器具非常便携，适合野外无电场合及高空作业等；渗透材料及其设备相对而言成本很低；一次检测即可检测出各个方向的缺陷。渗透检测的局限性是：只能检测表面开口缺陷；只能检测非松孔性材料；较难给出缺陷深度；检测结果的可重复性较差；检测灵敏度较低；检测表面的处理质量要求高，表面污物和粗糙度等对检测灵敏度影响较大；操作人员必须在现场进行判断；由多个检测环节组成，检测质量控制稍显复杂；渗透材料的某些化学成分对人有一定的危害；检测后的工件表面清理以及化学药剂的无害处理较麻烦。

渗透检测一般由工件的表面清理、渗透剂渗入、清洗剂清洗、显像剂显像、缺陷观察及后处理等过程组成，本章的总体结构以及各节的内容也将依此组织并进行分析和介绍。

第一节　渗透检测的物理基础

从渗透检测的基本原理和工艺过程来看，渗透检测中不仅存在着液体的润湿作用及表面张力、毛细作用、荧光等物理基础，也存在着渗透材料制造和应用中的化学基础。但从工程应用角度来看，化学基础与检测过程工艺关系不大，因此本节主要对渗透检测的物理基础进行介绍和分析。

一、表面张力

表面张力是指与液体表面相切且作用于液体表面上的力，主要是两个共存相之间出现的一种界面现象，是液体表面层收缩趋势的表现，即表面张力试图使得液体的表面积最小。液体表面层收缩趋势是指液体表面层中的分子，一方面受内部液体分子的吸引力，一方面受外部相邻气体分子的吸引力，而气体分子较少，故吸引力往往小于液体分子吸引力，因此液体表面层分子有被拉进液体内部的趋势。

二、润湿作用

（一）润湿现象

润湿是液体与固体的界面现象，实际上是气体－液体－固体三相共存时发生的物理化学现象，如在大气中，水在荷叶表面上发生的行为。在液体－固体界面上有一层液体附着层，附着层内的液体分子，一方面受到液体内部分子的吸引力 F_{L-L}，另一方面也受到固体分子的吸引力 F_{L-s}。如果 $F_{L-s}>F_{L-L}$，则附着层内的液体分子浓度将比液体内部的大，因此分子间距变小导致产生斥力，则附着层内的液体分子有扩散的趋势，这种液体附着在固体表面并扩大接触面积的现象，称为润湿。反之，如果 $F_{L-s}<F_{L-L}$，则附着层内的液体分子浓度将比液体内部的小，因此分子间距变大导致产生引力，则附着层内的液体分子有聚集的趋势，使得液体与固体的接触面积缩小，称为不润湿或润湿性差。

（二）接触角

液体对固体的润湿性好坏，用接触角来表征。液体和固体接触时的接触角，是指气体－液体界面处液体表面的切面与液体－固体界面之间且包含液体的那个夹角 θ，也称为润湿角。

（三）润湿方程

在大气中，当液体在固体表面上时，存在着三个界面及其张力，即液体－气体界面张力、固体－液体界面张力和固体－气体界面张力。其中，液体－气体界面张力和固体－液体界面张力试图使液体表面收缩，固体－气体界面张力试图使液体表面扩大。

三、毛细作用

众所周知，通常情况下多管路的液面是等高的。但是，如果将毛细管即内径小于1mm的玻璃管插入盛有液体（如水或水银）的容器中，由于润湿性能的影响，管内液面高于容器液面（如水中），或者管内液面低于容器液面（如水银中）的现象称为毛细现。

四、光学基础

在渗透检测中，着色渗透检测结果以及荧光渗透检测结果的观察工艺与光学紧密相关，而且上一章的磁粉检测中也涉及彩色磁粉和荧光磁粉的磁痕观察，这两者的光学基础相近，在此一并予以介绍及分析。

（一）可见光和紫外线

人眼可见光，包括赤、橙、黄、绿、青、蓝、紫，共七色光。波长大于红色光的红外线和波长小于紫色光的紫外线，属于不可见光。在着色渗透检测和彩色磁粉的磁粉检测中使用的可见光通常是七色光的混合光，即白光，一般由日光、白炽灯、荧光灯或高压水银灯等光源来获得。

在荧光渗透检测和荧光磁粉检测中，在可见光环境下是看不到经显像处理后的缺陷的，必须通过紫外线激发缺陷处的荧光物质使其发出明亮的荧光，并在暗场中观察缺陷。国际照明委员会将紫外线按频谱范围分为：①长波紫外线，即UV-A，波长范围为320~400nm，又俗称为“黑光”；②中波紫外线，即UV-B，波长范围为280～320nm；③短波紫外线，即UV-C，波长范围为100~280nm。UV-A对人安全，可用于检测； UV-B可烧伤皮肤和眼睛，焊接电弧可产生UV-B； UV-C对生物细胞有危害，一般用于工业和医学上的杀菌。渗透检测和磁粉检测，采用中心波长为365nm的350~380nm的安全的UV-A，由黑光灯获得。黑光通过激发荧光物质发出人眼比较敏感的黄绿色光及其他颜色的荧光来显示缺陷。

（二）光致发光

发光类型有自发发光（如太阳）、化学能激励发光（如磷的氧化发光）、场致发光（如电弧发光）、光致发光（如荧光和磷光）和受激发光（如激光）。

光致发光是指在环境光激励下物质发光的现象。根据发光机制不同，光致发光物质分为两大类，即磷光物质和荧光物质。磷光物质是指被环境光激励后，在没有外界激励光作用的情况下仍能持续发光的物质。荧光物质是指被环境光激励后，如果撤除外界激励光则立即停止发光的物质。渗透检测和磁粉检测，主要是采用荧光物质来显示缺陷。荧光就是某些特殊物质即荧光物质当受到某波段波长的电磁波辐射后，随即发出波长稍长的可见光的现象。荧光现象很早就被人类发现，但一直得不到合理的解释。直到19世纪末20世纪初，德国物理学家普朗克创立了量子学说，认为能量可以是阶梯式的突变才得到理论解释，即认为荧光是受激辐射，就是荧光物质的原子中低能的电子受到环境光的辐射得到能量，则由低能级轨道跃迁到高能级轨道运行，处于激发态。由于高能态的不稳定性，将很快地由激发态自发向基态过渡，即跳变回低能轨道。由于高能级和低能级的能量差一定，因此根据普朗克公式$E=h\nu$，辐射出的光的频率一定，这就解释了某些荧光物质总是辐射黄绿色光的原因。由于此过程有能量损失，故通常发出比激励光即紫外线波长较长的光，即人眼所见的荧光。

（三）光度学基本概念

1.辐射通量

辐射通量是指某一辐射源的辐射在单位时间内通过某一截面的辐射能，又称为辐射功率，国际单位为W。

2.光通量

光源所发出的光量是向所有方向辐射的。光通量，又称为光流，是指人眼所能感觉到的光辐射功率，或者说是人眼感受到的辐射通量，一般用中来表示，国际单位为

lm即流明。1个流明是指发光强度为1cd即1个坎德拉的光源在一个球面度内所通过的光通量。人眼对各色光的敏感度有所不同，即使各色光的辐射通量相等，在视觉上并不能产生相同的明亮程度。在各色光中，黄色和绿色光能够激起人眼最大的明亮感觉。

3. 发光强度

简称为光强，是指光源向某方向的单位立体角发射的光通量，国际单位是坎德拉（cd）。发光强度为1cd的点光源在一个球面度内发出的光通量为1lm，也就是如果以1cd的点光源为中心，作半径为1m的球面，那么通过球面上1m^{2}面积的光通量就是1lm。

4. 光亮度

光亮度表示发光表面的明亮程度，是指发光表面在指定方向的发光强度与垂直且指定方向的发光面的面积之比，单位是cd/m^2，即坎德拉/平方米。对于一个漫散射面，尽管各个方向的光强和光通量不同，但各个方向的亮度都是相等的。

5. 光照度

光照度是表示物体被照明的程度，是指被光源照射的物体，在单位面积上所接受到的光通量。光照度的单位是lx即勒克斯。被光均匀照射的物体，在1m^{2}面积上得到的光通量是1lm时，它的光照度就是1lx。有时为了充分利用光源，常在光源的非定向光路上附加一个反射装置，使得定向光路上能够得到比较多的光通量，以增加这一被照面上的光照度。

（四）可见度和对比度

人眼视网膜由杆状细胞和锥状细胞组成。杆状细胞对498nm的青绿光最敏感，用于黑暗环境下的视觉。L-锥状细胞对564nm的红色光最敏感，M-锥状细胞对533nm的绿色光最敏感，S-锥状细胞对437nm的蓝色光最敏感，提供了对三基色的视觉。人眼有瞳孔效应，即由暗到明或由明到暗时瞳孔大小发生变化，因此当进行荧光渗透检测或荧光磁粉检测时，检测人员进入暗环境需要有一定的暗适应时间。人眼也有放大效应，即感觉光源比真实物体要大。此外，人眼对不同波长的光的视觉灵敏度是不同的，称其为视见率。人眼对555nm的黄绿光视见率最大，设定为1，其他光均小于1，对紫外线和红外线的视见率为0，即不可见。人眼均有视阈，但因人而异，一般为0.076mm，即如果物体长度小于0.076mm则人眼不可见。人眼在强光下，对光强的微小差别不敏感，而对颜色和对比度差别的辨别能力很强，适合于强光下着色渗透检测的缺陷观察。但在暗光下，对颜色和对比度差别的辨别能力很弱，而对光强的微小差别却很敏感，适合于暗环境下荧光渗透检测的缺陷观察。

1. 可见度

可见度是观察者相对于背景、外部光等条件下能看到显示的一种特征，是用来衡量缺陷显示能否被观察到的指标。可见度与显示的颜色、背景颜色、显示的对比度、显示本身的反射光或发射光的强度、周围环境光线的强弱及观察者的视力等因素有关。如果缺陷显示与其背景的对比度高，则可见度也高。可见度与显示的对比度密切相关。

2. 对比度

在进行着色探伤时，对比度是尤显重要的检测性能指标。对比度是指观察区域中显示部分与背景之间的亮度差或是颜色差。对比度可用显示和背景之间反射光或发射光的相对量来表示。

对比度为120就可容易地显示生动、丰富的色彩，当对比度高达300时便可支持各阶的颜色。但现今尚无一套有效又公正的标准来衡量对比度，最好的辨识方式还是依靠人眼。试验结果表明，纯白色表面反射的最大光强约为入射光强的98%，而最黑色表面反射的最小光强约为入射光强的3%，也就是黑白对比度约可达33。实际上，黑色渗透剂在白色显像剂背景下的对比度约为9，红色渗透剂在白色显像剂背景下的对比度约为6。缺陷的荧光显示与暗环境的对比度要远高于上述的颜色对比度，一般可以达到300甚至达到1000。因此，荧光渗透检测的对比度远高于着色渗透检测，即荧光渗透检测的灵敏度相对更高。

第二节　渗透检测设备及器材

一、渗透检测设备

渗透检测设备可以分为固定式渗透检测装置、专用式渗透检测装置和便携式渗透检测装置，各有其不同的特点和适用场合。

（一）固定式渗透检测装置

固定式渗透检测装置适用于检测场所比较固定、检测工作量大、工件体积及重量较大或者产品的生产全过程需要建立自动化生产线等情况。可能的情况下，应尽量采用可水洗型的渗透检测工艺，以便降低设备结构的复杂性及检测过程成本等。固定式渗透检测装置一般由多个装置组成，包括预清洗装置、渗透装置、乳化装置、清洗装置、干燥装置、显像装置及后处理装置等，在渗透检测线中形成不同工位。

1. 预清洗装置

一般采用化学法清洗，如采用三氯乙烯或三氯乙烷对除了橡胶、塑料和涂漆工件之外工件的脱脂，用酸洗后再水洗来清理黑色金属，用碱性清除剂再加水洗来清理铝合金及镁合金等有色金属。有时还配有喷枪等清洗器具，也有时配置超声波辅助清洗装置来增强清洗效果。

2. 渗透装置

渗透装置主要由渗透液槽、喷淋装置和滴落架组成。泵出渗透液槽中的渗透剂，通过喷淋装置将渗透液喷淋到工件上，然后将工件置于滴落架上待渗透液滴落到合适程度后进入下一道工序。也有采用浸泡方式的相关设备，有时还配有工件筐、液面标记、排液口及排渣口等辅助装置。

3. 乳化装置

采用浸泡方式的乳化装置一般包括储存乳化剂的乳化剂槽、增强乳化效果的搅拌器等。乳化时不应开动搅拌器，以免难以稳定地控制乳化效果。有时，也采用简易操作时的乳化剂喷枪等。

4. 清洗装置

清洗装置一般是格栅式，配有液面标记，即限位口及排水口等。人工清洗时一般采用喷枪清洗，自动清洗装置一般配有喷洗槽及多把喷枪，或者采用配有搅拌装置的清洗槽，这一般需要根据工件的具体结构特点来选择合适的清洗方式和装置。

5. 干燥装置

干燥装置一般采用热风系统，即由加热器、风扇及恒温控制系统等组成。

6. 显像装置

因显像的原理不同而不同。采用湿式显像剂时，与渗透装置相近，显像槽中安装有搅拌器，以便使显像剂均匀地涂覆于工件，也有气雾喷涂等方式。采用干粉显像剂时，可采用显像粉槽用于较小工件的滚动涂粉，还可以采用配有显像剂罐、喷枪或鼓风机的喷粉柜等用于较大型工件，也可以采用高效率的静电喷涂方式用于大型工件。采用荧光渗透剂时，显像装置还必须配有暗室及黑光灯等。

（二）专用式渗透检测装置

专用式渗透检测装置适用于某产品或某类产品的大批量、自动化及流水线式渗透检测，检测效率高，自动化程度较高，专业性强。通常根据产品的特点，如体积、重量、形状、材质以及上道工序和下道工序来规划和建设。专用式渗透检测装置的组成与固定式渗透检测装置组成类似，也要包括预清洗装置、渗透装置、乳化装置、清洗装置、干燥装置、显像装置及后处理装置等，但要根据产品和生产量特点来设计工装夹具、检测材料槽或罐的形状及容积等。

（三）便携式渗透检测装置

便携式渗透检测装置适用于野外或工地现场的随机、少量检测，以及体积或重量大的工件的局部检测，灵活方便。通常采用的是便携式小型压力喷罐方式，为了便携及操作简便，一般采用溶剂去除型着色渗透剂。通常有三种 500mL 或其他容量的喷罐，即渗透剂喷罐、溶剂清洗剂喷罐和溶剂悬浮型显像剂喷罐。根据使用量按渗透剂：显像剂：清洗剂为 1：2：3 统一包装市售。稍完整些的便携式渗透检测装置一般还配有清理工件表面用的金属刷、观察用的照明灯或黑光灯、涂抹渗透材料或清理表面用的毛刷等。为了便于人工按压喷嘴进行操作以及使得喷出的渗透检测材料均匀，喷罐内通常配有一定比例的乙烷、二氧化碳等气雾剂，因此要注意不要使喷罐靠近热源等高温物体。显像剂喷罐中，一般还配有一个小钢球便于摇晃均匀后喷出显像剂。

二、渗透检测材料

渗透检测材料是指渗透检测过程中使用的耗材，也称为渗透检测剂，主要包括渗透剂、乳化剂、清洗剂和显像剂。

（一）渗透剂

渗透剂是指具有极强渗透能力、很容易地渗入工件的表面开口缺陷中并含有染料或荧光物质以便指示缺陷的渗透检测材料。通常的渗透剂主要由荧光物质或着色染料和溶剂组成，但水洗型渗透剂中还含有乳化剂。荧光物质一般采用人眼敏感度最高的黄绿光荧光物质，着色染料几乎都是暗红色的，这是因为配以显像剂的白色背景可以得到高的对比度，而且大部分红色染料都有较高的溶解度。溶剂用于溶解加入的荧光物质和着色染料，同时其本身也具有渗透作用。由于溶解度与温度有关，为保证低温时的溶解度，一般还需加入一定量的助无论在工业应用还是军事应用，对渗透剂均有一系列的规定和要求，如毒性、闪点、表面润湿性、黏性、颜色或亮度、热稳定性、紫外线照射稳定性、耐水性、可清除性及腐蚀 性等。

1.对渗透剂的要求

（1）理想的渗透剂应具有如下特点：

① 能容易地渗入工件表面开口的微细缺陷中。

② 即使是浅而宽的开口缺陷，渗透剂也不容易从缺陷中清洗出。

③不易挥发，不会很快地干结在工件表面上。

④容易清洗。

⑤易于被吸附到工件表面上来。

⑥ 扩展成薄膜时仍然有足够的颜色强度或荧光亮度。

⑦当暴露于热、光及紫外线下时，化学性能和物理性能稳定，有持久的荧光亮度或颜色强度。

⑧ 不受酸、碱影响。

⑨ 在存放和使用过程中，各种性能稳定，不分解、不沉淀、不浑浊。

⑩ 对检测对象无腐蚀性，无不良气味。

⑪ 闪点高，不易燃烧。

⑫ 成本低。

⑬ 无毒、不污染环境。

⑭ 对检测对象无害。

（2）对渗透剂的基本要求如下：

① 容易铺展，可全部覆盖检测区域。

② 通过毛细作用可渗入到缺陷中。

③留在缺陷中但表面的容易去除。

④ 保持液态的性能，保证可从缺陷中被吸附到工件表面上来。

⑤ 高的颜色强度或高的发光强度以便观察。

⑥ 对检测对象、环境及检测者无害。

2.渗透剂的分类

根据不同的分类方法，渗透剂有不同的种类。

（1）按渗透剂所含的物质分类

渗透剂分为着色渗透剂、荧光渗透剂和两用渗透剂。着色渗透剂是指在溶剂液体中含有染料的渗透剂，染料一般为红色。荧光渗透剂是指在溶剂液体中含有荧光物质的渗透剂，可在UV-A紫外线激发下发出荧光。荧光渗透剂的视觉敏感度更高，但是着色渗透剂不需要黑光灯及暗室环境。两用渗透剂是指添加的染料既有颜色又有荧光效应，给出的显示既可以在可见光下又可以在UV-A辐射下进行观察的渗透剂。

（2）按去除多余渗透剂的方式分类

渗透剂分为水洗型渗透剂，即A型渗透剂；后乳化型渗透剂，细分为亲油后乳化型即B型渗透剂和亲水后乳化型即D型渗透剂；溶剂去除型渗透剂，即C型渗透剂。A型渗透剂配方中含有乳化剂，故也称为自乳化型。由于A型渗透剂内含乳化剂，因此满足渗透剂的驻留时间后即可直接用水去除。B型渗透剂和D型渗透剂属于后乳化型渗透剂，后乳化型渗透剂既不溶于水也不能单独用水去除，需要施加乳化剂使渗透剂乳化充分后方可用水清洗来去除渗透剂。B型渗透剂与油基乳化剂结合方可去除，D型渗透剂与亲水性乳化剂结合方可去除，也就是B型和D型渗透剂需要用一个单独的乳化工艺环节后方可去除。C型渗透剂可用专用于该类渗透剂的化学清洗剂去除。后乳化型渗透剂中有时加入表面活性剂、改进渗透剂黏度和增加着色力的增光剂以及减小渗透剂挥发的抑制剂等。

（3）按基础液体的种类分类。渗透剂分为水基渗透剂、油基渗透剂和醇基渗透剂。水基渗透剂一般要加入表面活性剂以便增强润湿性和渗透能力，成本低且灵敏度低，一般用于较低要求的渗透检测场合，最常用的是油基渗透剂和醇基渗透剂。

（二）去除剂

去除剂是指待渗透剂充分渗入缺陷中之后清除掉工件表面多余渗透剂的渗透检测材料。去除剂与渗透剂紧密相关，根据上述的渗透剂分类，去除剂主要是乳化剂和清洗剂。就乳化剂而言，在A型渗透剂中就含有乳化剂，喷洒在工件表面上多余的渗透剂可以直接用水去除；B型和D型渗透剂，需要单独的乳化剂，也即在渗透剂充分渗入工件表面缺陷之后，喷洒乳化剂使渗透剂充分乳化，然后用水清洗。清洗剂一般是有机溶剂，专用于直接去除C型渗透剂，不需要乳化过程，也不需用水清洗。

1.乳化剂

乳化是指使一种物质稳定地分散在另一种物质中的作用。例如：油和水不相溶，但在油中加入某种物质后油珠便能很好地分散在水中，即油被乳化，所加入的物质就是乳化剂。乳化剂是指使得后乳化型渗透剂变成可水洗物质的渗透检测材料。可见，乳化剂的作用是乳化不溶于水的渗透剂，使其可以水洗。

水洗型渗透剂本身即含有乳化剂，该乳化剂可以吸附在水和油之间，以便降低油和水之间的表面张力，使其容易用水清洗。另外，乳化剂也有增溶染料的作用。溶剂去除型渗透剂的去除，不使用乳化剂。因此乳化剂的单独使用或者说在检测环节中需要乳化环节的渗透剂是 B 型和 D 型渗透剂，即亲油后乳化型渗透剂和亲水后乳化型渗透剂。

乳化剂分为油性乳化剂和水性乳化剂，分别用于乳化 B 型渗透剂和 D 型渗透剂。油性乳化剂是一类油性混合溶液，是油包水型，即将水分散在油中，可使表面多余的渗透剂产生乳化，使其变为可水洗。水性乳化剂是一类水性混合溶液，是水包油型，即将油分散在水中，使工件表面多余的渗透剂产生乳化，使其变为可水洗。

2.清洗剂

清洗剂是指用以去除工件表面多余渗透剂的化学溶剂类渗透检测材料。水洗型渗透剂的清洗采用水，后乳化型渗透剂经乳化环节后也是用水清洗，因此渗透检测中所谓的清洗剂通常专指配合溶剂去除型渗透剂使用的有机溶剂，如丙酮、酒精及三氯乙烯等。

（三）显像剂

显像剂是指具有充分吸出缺陷内渗透剂并使其具有铺散的性能以便缺陷显示的渗透检测材料。除了上述作用外，着色渗透检测用显像剂还可提供高对比度的背景，以便提高检测灵敏度。

1.显像剂的显像原理

显像剂中包含微米级的微细粉末，当粉末覆盖在工件表面的缺陷上方时，粉末间形成毛细间隙，通过毛细作用将缺陷中的渗透剂吸出到工件表面上来。如果是荧光渗透检测用显像剂，则很快就可以在暗室中用黑光灯激发荧光来显示缺陷。如果是着色渗透检测用显像剂，在将渗透剂吸出到工件表面的基础上，经历一定的时间，白色粉末之间的毛细作用可使红色渗透剂进一步扩散，便在白色显像剂粉末的基底上形成远大于缺陷开口间隙宽度的红色缺陷痕迹，形成高对比度而易于观察的缺陷显示。

2.显像剂应具备的性能

（1）吸湿能力强，显示速度快，易于被缺陷内残存的渗透剂所润湿。

（2）易于在被检表面形成薄而均匀的覆盖层，能尽量多地遮住被检表面光泽和颜色。

（3）颗粒细微，能将缺陷处微量的渗透剂扩展到尽量大的范围，并能保证轮廓清晰。

（4）在黑光照射下，不发出荧光，不减弱荧光物质的亮度。

（5）对着色染料无消色作用，能保持最佳的颜色对比度。

（6）对人体、工件及其容器无害。

（7）使用方便，易于去除。

3. 显像剂种类

根据显像剂的使用特点，显像剂主要分为干式显像剂和湿式显像剂。

（1）干式显像剂

主要是干粉显像剂，一般常与荧光渗透剂配合使用，通常是使用喷枪施加于干燥的工件表面，适用于螺纹及粗糙表面工件。为了提供高的吸附渗透剂的功能，干粉粉末粒度一般为1~3μm，并且应干燥、松散、轻质及不结块，吸水吸油性强，在工件表面的附着性强等。为了提供高的显示对比度，应采用白色粉末。通常采用白色无机盐粉末，如氧化镁、碳酸镁、氧化锌及氧化钛粉末等。有时加入少量的有机颜料或有机纤维素，可以减小白色背景对黑光的反射，提高显示的对比度和清晰度。

（2）湿式显像剂

湿式显像剂主要是水悬浮型、水溶解型、溶剂悬浮型和溶剂溶解型，共四种，但溶剂溶解型湿式显像剂很少使用。水基湿式显像剂通常以干粉状态供货，可溶于水或悬浮于水，现场加水配制后使用，其配制浓度、使用及保存应遵守生产厂家说明书的规定。非水基湿式显像剂一般是将显像剂粉末悬浮于非水的溶剂性载体中并以此状态供货，便于在供货状态下使用。干燥后，非水的湿式显像剂在工件表面上形成一层涂层，作为起显像作用的基底。

① 水悬浮型湿式显像剂。它是干式显像剂与水按最佳比例，即每升水中加入30～100g干式显像剂配制而成的悬浮液体。如果粉末浓度过大则在工件表面形成的显示薄膜厚度过大，这样不仅对显示细小缺陷不利，还容易掩盖缺陷，而且不利于检测结束后的清除。此外，一般再加入一定量的其他物质来改善显像剂的工艺性能。加入润湿剂，来改善显像剂对工件表面的润湿性以便显像剂铺散；加入消泡剂，防止形成气泡使得粉末均匀；加入分散剂，防止粉末沉淀和结块；加入限制剂，防止缺陷显示无限制地扩散，保证显示的轮廓清晰和分辨力；加入防锈剂，防止对工件的腐蚀。

② 水溶解型湿式显像剂。将显像粉末溶解在水中而制成的溶液，克服了水悬浮型湿式显像剂容易沉淀和结块的缺点，但仍然要加入润湿剂、消泡剂、限制剂和防锈剂，此外一般还要加入助溶剂。水溶解型和水悬浮型湿式显像剂，当水蒸发后形成显像薄膜。常用喷射方法施加，检测

表面可干可湿；有时也可采用浸、浇、刷等方法涂覆。为了提高显像效率，可采用快速干燥方法，即在20～24℃的热空气中进行烘干操作。水悬浮型湿式显像剂槽中一般还应配备搅拌装置使其粉末均匀。

③ 溶剂悬浮型湿式显像剂。它是用显像粉末与易挥发的有机溶剂配制而成的悬浮液体。常用的有机溶剂有乙醇、丙酮及二甲苯等。此外，通常加入限制剂控制显像范

围的过渡扩大，加入稀释剂防止黏度过大并增加限制剂的溶解度。由于挥发快故又称为快干式显像剂。一方面，溶剂的吸附力强，在挥发过程中不断地将渗透剂吸附上来；另一方面，由于挥发快，形成的显示扩散小而轮廓清晰，灵敏度较高。溶剂悬浮型湿式显像剂，一般用挥发性溶剂而且用喷罐，非常便携。在使用前需要充分摇动喷罐，利用罐内的钢球使粉末均匀后再喷出。一般不必在喷洒显像剂后采取强制干燥措施，但通常在喷洒前需要干燥的检测表面。专用类的显像剂，如液膜显像剂，是树脂或高分子聚合物在适当载体中的溶液或胶体悬浮液，可在工件表面上形成一种透明或半透明的涂层。而且，可将显像剂膜从工件表面剥下作为记录保存。

对渗透检测材料，根据具体的检测对象还有一些特殊要求。例如：如果工件是镍基合金材料，则渗透检测材料中硫的总质量分数应少于0.02%，而且一定量的渗透检测材料，其蒸发或挥发后残留物中硫的质量分数一般不应超过1%。对于奥氏体钢和钛及钛合金材料的工件，渗透检测材料中的氯、氟等卤族元素占总含量的质量分数应少于0.02%，而且一定量的渗透检测材料，其蒸发或挥发后残留物中的氯、氟元素含量的质量分数一般不应超过1%。

三、渗透检测辅助器具

（一）参考试块

参考试块，也称为对比试块。使用参考试块的主要目的是检验在相同条件下渗透检测材料的性能及显示缺陷痕迹的能力。具体而言，参考试块的用途为：灵敏度测定；工艺试验，用以确定工艺参数如渗透时间、乳化时间等；渗透材料质量检验；评定渗透检测系统。渗透检测试块，虽然有自然缺陷试块及陶器专用试块等，但最常用的渗透检测试块主要有三种，根据机械行业标准JB/T 6064-2015《无损检测 渗透试块通用规范》，有A型试块，即铝合金淬火裂纹参考试块；B型试块，即镀铬辐射裂纹参考试块；C型试块，即镀镍铬横裂纹参考试块。

（二）黑光灯

黑光灯发出称为黑光的波长范围为315~400nm、峰值波长约为365nm的紫外线，即UV-A，用于荧光渗透检测时激发荧光物质发出荧光，以便显示缺陷。黑光灯主要由镇流器、高压汞灯和紫外线滤光片组成。

高压汞灯中的石英玻璃放电管中填充有水银和惰性气体氖气或氩气等，并安装有含碱土金属氧化物电子发射物质的钨电极，即上电极和下电极这两个主电极，以及非常靠近上电极的辅助电极。其工作原理是：首先，辅助电极和上电极之间气体导电产生电弧，使得石英玻璃管内的温度升高，水银逐渐气化使管内达到一定的水银蒸气压强0.4~0.5MPa时，上下主电极之间气体放电形成电弧，弧光中包含着长波紫外线（即黑光）、短波紫外线和一些可见光。波长在390nm以上的可见光将在工件表面产生不良背景使得缺陷显示的荧光不鲜明，而330nm以下的短波紫外线伤害人眼和皮肤，因此一般采用深紫色镍玻璃滤光片滤光，得到330~390nm的黑光用于荧光渗透检测或荧光磁粉检测。

因为电压下降会导致黑光灯辐射出黑光强度的减弱，从而导致不一致的检测效果，因此当电压波动较大时，应采用恒压装置来稳定黑光灯的电压。应开启黑光灯预热至少5min，待其黑光辐出稳定后方可使用黑光灯或测定黑光强度。目前，也有紫外LED型黑光灯，不仅光效高而且体积小、重量轻、寿命长。

除了参考试块和黑光灯之外，渗透检测有时还使用如下辅助器具：黑光辐照度计，用于测量黑光的辐照度，其测量波长范围应至少在315~400nm之内，峰值波长约为365nm；光照度计，用于测量工件表面的可见光照度；荧光亮度计，用于测量渗透剂的荧光亮度，其波长应在430~600nm范围，峰值波长在500~520nm。

第三节　渗透检测工艺

渗透检测的基本工艺流程主要包括工件的表面清整、干燥等预处理，施加渗透剂进行渗透，去除表面多余的渗透剂，工件表面的干燥处理，施加显像剂显像，缺陷痕迹观察、测量和记录，最后是对工件的后处理。例如：预处理环节，不可能执行所有的清洗步骤，而且超声清洗往往是和某种清洗方法相复合施加的，如酸洗液中清洗时施加超声振动，本质上应属于化学清洗法或是机械－化学复合清洗法。具体详述如下。

（1）根据工件表面状态，有可能需要进行机械清理，如焊接飞溅等需要用扁铲或角磨机清理。如果是机械加工如磨削后的光洁表面则不需要该步骤。然后根据工件表面的污染物选择对应的清洗方法并干燥，如根据表面是否有油脂或油漆面覆盖等，可以采用蒸气脱脂或溶剂脱漆等化学法清除，油漆也可在第一步采用机械法清理。

（2）待工件表面彻底干燥后，施加渗透剂进行渗透。

① 如果施加的是水洗型渗透剂，则保持充分的驻留时间后，即可用水清洗去除工件表面的渗透剂。如果欲施加干粉显像剂，则应在用水清洗并进行干燥处理后施加干粉显像剂。如果欲施加湿式显像剂，则在用水清洗后不必干燥处理可直接施加显像剂，然后进行干燥处理进行显像。

② 如果施加的是溶剂去除型渗透剂，则保持充分的驻留时间后，即可用溶剂去除工件表面的渗透剂，待挥发干净后即可施加干粉显像剂或湿式显像剂。

③ 如果施加的是后乳化型渗透剂，则根据是亲水性的还是亲油性的，施加合适的乳化剂并待充分乳化后再用水去除表面多余的渗透剂。然后，如果欲施加干粉显像剂，则应在用水清洗并进行干燥处理后施加干粉显像剂。如果欲施加湿式显像剂，则在用水清洗后不必干燥处理直接施加显像剂，然后进行干燥处理进行显像。

（3）待显像后，对缺陷痕迹进行观察、分析和记录。

（4）如果必要，如显像剂比较难以去除则可以采用擦拭等机械方法清理。如果对工件表面质量有较高的要求，还要采取各种清脂及清洗措施。

一 、检测前的准备

（一）检测方法的选择及灵敏度等级的确定

1.渗透检测方法及选择

（1）渗透检测方法

① 渗透检测方法的分类。渗透检测工艺因具体实施的渗透检测方法的不同而不同。渗透检测方法一般按照使用的渗透剂、去除剂和显像剂进行分类。某种具体的渗透检测方法可以描述为，如 Ⅰ Aa 采用的是水洗型荧光渗透剂及干粉显像方法。但在实际渗透检测中，并非所有工艺方法均得到应用，如后乳化型的着色渗透方法（即 ⅡB 和ⅡD）就几乎不使用。此外，Ⅲ型渗透剂或是 e 型显像方法也很少使用。

② 不同渗透检测方法的优缺点。IA 法、IB 法、IC 法和 ID 法相比，IA 法的优点是易水洗、速度快，适用于表面粗糙和形状复杂的工件，而且成本低、荧光亮度高；缺点是灵敏度低、容易冲洗过度，也易受到污染，检测结果的重复性较差。I B 法和 I D 法的优点是亮度高，易于检测微细缺陷，灵敏度高，可以检测浅而宽的缺陷，检测结果的重复性好；缺点是操作周期相对较长，成本较高、清洗困难，不适用于粗糙的工件表面和大型工件的检测。IC 法的优点是操作简单，适用于大型工件的局部检测和无水场合的检测；缺点是溶剂相对而言易燃，而且挥发出难闻气味等，也不适用于粗糙工件表面的检测。

ⅡA 法和ⅡC 法相比，ⅡA 法的优点是适用于表面粗糙、不允许接触油的工件，操作简单、成本低；缺点是灵敏度低，不易检测微细缺陷，也容易漏检浅而宽的缺陷。ⅡC 法的优点是适用于野外现场检测和大型工件的局部检测，大多采用喷罐方式，便携、灵活、方便；缺点是成本较高，不适用于大批量或大面积的检测，去除多余的渗透剂时容易将浅而宽的表面缺陷中的渗透剂去除。

不同的显像剂也适用于不同的检测对象和条件，因此其不同的检测方法也各有其适用性和优缺点。

（2）选择渗透检测方法的基本原则

① 应满足检测缺陷类型和检测灵敏度的要求，并在此基础上根据工件表面粗糙度、检测批量大小和检测现场的水源、电源等条件来选择确定。

② 对于表面光洁且检测灵敏度要求高的工件，宜优先采用检测灵敏度高的后乳化型荧光渗透检测方法，也可采用溶剂去除型荧光渗透检测方法。

③ 对于表面粗糙且检测灵敏度要求较低的工件，宜采用最方便的水洗型着色渗透检测方法或水洗型荧光渗透检测方法。

④对于现场无水源和电源的渗透检测，宜采用不使用水和电的溶剂去除型着色渗透检测方法。

⑤ 对于大批量或大型工件的检测，宜优先采用低成本且方便的水洗型着色渗透检测方法，也宜选择水洗型荧光渗透检测方法。

⑥ 对于大型工件的局部检测，宜采用溶剂去除型着色渗透检测方法或溶剂去除型荧光渗透检测方法。

（3）选择渗透剂的基本原则

采用何种渗透剂，对渗透检测而言最为重要。选择渗透剂的基本原则是，对于疲劳裂纹、磨削裂纹、微细裂纹或者表面光洁的工件，宜选择后乳化型荧光渗透剂；对于大型工件的局部检测，宜选用溶剂去除型荧光或着色渗透剂；对于表面粗糙的工件，宜选择水洗型荧光渗透剂。

不同的渗透剂适用于不同的检测对象和条件，因此不同的检测方法各有其适用性和优缺点。着色渗透检测和荧光渗透检测相比，着色渗透检测的优点是只需日光下即可检测而且不需要电源，但荧光渗透检测必须使用暗室及电源。荧光渗透检测的优点是灵敏度更高，有利于检测出更细小的缺陷。荧光渗透检测的灵敏度主要取决于工艺过程中渗透剂保留在各种尺寸缺陷中的能力、显像剂的回吸能力和由荧光产生的缺陷显示。

（4）选择指南

相对于其他四种常规无损检测方法，渗透检测方法比较复杂，影响因素较多。例如，由于不同厂家生产的渗透检测材料的化学成分会有差别，因此在检测中一般应选用同一厂家的产品；再如，具体检测方法和工艺参数，如表面预清洗、渗透时间、表面多余渗透剂的去除方法等，要根据所采用的具体渗透检测材料、工件特点（即大小、性质、表面状态、材料种类）和可能的缺陷性质（即类型、位置、形状、尺寸、方向、数量及分布特点）来确定。

2. 灵敏度等级的确定

渗透检测的灵敏度与渗透检测材料的性能（如渗透剂的渗透能力）、检测设备的性能（如黑光灯的发光特性）、具体的检测工艺（如采用的具体检测方法）、检测的环境条件（如是否是野外现场检测、温度、气压等），以及被检工件和缺陷的特点（如工件的形状复杂程度、缺陷的深宽比等）相关。

（二）检测时机、温度及安全要求

1. 检测时机

首先，对于焊接接头的渗透检测应在焊接完工后或焊接工序完成后进行。对有延迟裂纹倾向的材料，应在焊接完成至少24h后进行焊接接头的渗透检测。其次，紧固件和锻件的渗透检测一般应安排在最终热处理之后进行。再次，对于欲进行表面处理的工件，渗透检测总是要尽量安排在表面处理工艺之前，如喷丸、喷砂及涂漆等之前。最后，对于需要机械加工或热处理的工件，一般应在这些工序之后进行渗透检测。

2. 检测温度

NB/T 47013.5—2015《承压设备无损检测 第 5 部分：渗透检测》中规定，渗透检测时渗透检测材料以及工件表面的温度应在 5~50℃，而 ASMEBPVC. V 的《无损检测》中规定的是 4~52℃。如果温度超出该范围，则渗透材料的黏度、流动性等与检测性能密切相关的性能发生较大变化，将在很大程度上影响检测过程和检测结果。因此，必须经工艺评定试验后，才可进行渗透检测。通常采用 A 型试块进行评定试验。如果是在低于 5℃的温度条件下进行渗透检测，则在试块和所有使用到的渗透检测材料均降到实际检测时的温度后，将拟采用的低温检测工艺施行于 B 区，并在 A 区用标准方法进行渗透检测，然后比较 A、B 两区的裂纹显示痕迹。如果显示痕迹基本相同，则认为是可行的。如果是在高于 50℃的温度条件下进行渗透检测，则需将 B 区加热并在整个检测过程中保持这一温度，将拟采用的检测工艺施行于 B 区，并在 A 区用标准方法进行渗透检测，然后比较 A、B 两区的裂纹显示痕迹。如果显示痕迹基本相同，则认为是可行的。

3. 安全要求

渗透检测材料可能是有毒有害、易燃易爆和挥发性的，因此应注意安全防护，并应遵循国家和地方颁布的有关安全卫生及环保法规或条例的规定。渗透检测通常应该在通风良好或开阔的场地进行。当在有限空间或使用黑光灯进行检测时，应佩戴防护器具。

（三）工艺评定及仪器校验

我国的做法是，在首次应用操作指导书之前应对其进行工艺评定。在使用新的渗透检测材料、改变或替换渗透检测材料的类型或操作规程时，实施检测操作前应该用镀铬试块进行试验，以检验渗透检测材料系统灵敏度及操作工艺的正确性。通常情况下，每周均应使用镀铬试块检验渗透检测材料系统灵敏度及操作工艺的正确性。检测前、检测过程中或检测结束后认为必要时应随时检验。在室内固定场所进行检测时，应定期测定检测环境可见光照度和工件表面的黑光辐照度。黑光灯、黑光辐照度计、荧光亮度计和光照度计等仪器应按相关规定进行定期校验。

（四）工艺文件

工艺文件主要包括渗透检测工艺规程、渗透检测操作指导书、渗透检测记录和渗透检测报告。

1. 渗透检测工艺规程

除了要满足一些通用要求外，还应规定如下相关因素的具体范围或要求，如果相关因素的变化超出规定，则应重新编制或修订工艺规程。

（1）工件的类型、规格，如形状、尺寸、厚度和材质等。

（2）所依据的法规、标准。

（3）检测设备和器材以及校准、常规核查、运行核查或检查的要求。

（4）检测工艺，如渗透方法、去除方法、干燥方法、显像方法和观察方法等。

（4）操作技术。

（6）工艺试验报告。

（7）缺陷评定与质量分级。

2.渗透检测操作指导书

渗透检测操作指导书应以工艺规程为基础并结合工件的具体检测要求进行编制，其内容除了一些通用要求外，至少还应包括以下内容：

（1）渗透检测材料。

（2）工件表面预处理。

（3）渗透剂施加方法。

（4）去除工件表面多余渗透剂的方法。

（5）乳化剂浓度、在液槽内的驻留时间和亲水性乳化剂的搅动时间。

（6）喷淋操作时的亲水性乳化剂的浓度。

（7）施加显像剂的方法。

（8）两步骤间的最长和最短时间周期。

（9）干燥方法。

（10）最小光强要求，包括可见光或黑光。

（11）检测人员的要求。

（12）非标准温度检测时对比试验的要求。

（13）工件的材料、形状、尺寸和检测范围。

（14）后处理要求。

3.渗透检测记录

应根据现场操作的实际情况详细如实地记录检测过程中相关的过程描述、数据及草图等信息。渗透检测记录除了符合一般规定外，还至少应该包括以下内容：

（1）工艺规程名称及版本。

（2）照明设备。

（3）渗透检测材料类型、名称及牌号。

（4）检测灵敏度校验、试块名称、工件预处理方法、渗透剂施加方法、乳化剂施加方法、多余渗透剂去除方法、干燥方法、显像剂施加方法、观察方法和后处理方法、渗透温度、渗透时间、乳化时间、冲洗的水温及水压、干燥温度和时间及显像时间。

（5）缺陷显示的分布图或记录、工件草图或示意图。

（6）工件材料及厚度。

（7）检测人员及其资格、等级。

（8）记录人员和复核人员签字及日期。

4.渗透检测报告

渗透检测报告应依据渗透检测记录出具。渗透检测报告除了应符合一般规定外，还至少应包括以下内容：

（1）委托单位。

（2）检测工艺规程编号及版本。

（3）检测比例、检测标准名称和质量等级。

（4）检测人员和审核人员签字及其资格、等级。

（5）报告签发日期。

二、工件的预处理

渗透检测通常是在研磨、矫直、机械加工、焊接及热处理等各种材料加工工序之后对其可能产生的开口缺陷进行检测，因此渗透检测前的工件是经焊接、轧制、铸造或锻造等之后的工件，其表面状态不经处理即可能得到比较满意的渗透检测结果。但是如果工件表面存在污染物或是不规整，如工件表面有机械加工痕迹或其他表面状况造成表面的局部凸凹不平，则可能对渗透检测造成不良影响并产生非相关显示，甚至难以检测。再如，堵塞渗透剂的渗透、渗透剂与缺陷中的油污混合使荧光亮度或颜色强度降低、渗透剂残留在油污处而掩盖该处的缺陷以及渗透剂残留在毛刺、氧化皮等处形成虚假显示等，均干扰缺陷的检测。渗透检测的工件预处理主要包括表面规整及表面预清洗。表面清理方法主要分为机械清理方法和化学清理方法两大类。一般而言，机械清理方法用于表面规整，化学清理方法用于表面预清洗，但有些化学清理方法也可用于表面规整。

（一）表面规整

表面规整是指清理工件表面存在的铁屑、铁锈、毛刺、氧化皮、焊接飞溅、积炭层、焊剂、焊渣、油脂层、污垢以及各种防护层（如油漆）等。机械加工工件表面质量应达到表面粗糙度Ra<25um，非机械加工表面的表面粗糙度值可以稍大但不应影响渗透检测结果。局部检测时，清理范围应从检测区的轮廓向外扩展25mm。

机械清理方法主要包括车削、铣削、刨削、磨削、锉削、刮削、抛光、机械研磨、液体研磨、砂纸打磨、钢丝刷刷除、振动光饰及喷砂等，可以适用于不同形式的表面规整作业。但是，上述机械清理方法有可能造成缺陷的表面开口堵塞，从而降低渗透检测效果甚至造成漏检，尤其对于强度较低的金属（如铝、钛、镁和铍及其合金）更是如此，应慎重选用和实施。表面规整，有时还可以采用化学清理方法，如酸洗去除氧化皮及碱洗去除积炭等。

（二）表面预清洗

预清洗是指去除检测区表面的油污等表面污染。检测区表面污染物的状况在很大程度上影响着渗透检测的质量，因此在进行表面规整之后应进行工件的表面预清洗，以去除检测区表面的污染物。清洗时，可采用溶剂或洗涤剂等进行，清洗范围是检测区轮廓向外扩展25mm。铝合金、镁合金、钛合金和奥氏体钢工件经机械加工的表面，如果确有需要，可先进行酸洗或碱洗，然后再进行渗透检测。在上述的清洗后，由于检测面上遗留的强碱等任何液体都会妨碍渗透剂的渗入，而且降低检测灵敏度和可操作性，因此必须彻底用水清洗并干燥，且应保证在施加渗透剂之前不被污染或立即施加渗透剂。

选择合适的清洗方法需要考虑如下因素：需要清洗的污染物类型，因为没有一种方法能同等有效地去除所有的污染物；清洗方法对工件的影响；清洗方法对工件的有效性，如大型工件较难采用超声清洗等。

化学方法主要包括清洁剂清洗、溶剂清洗、气雾脱脂、碱洗、蒸汽清洗、超声清洗及酸 洗等。

1.清洁剂清洗

清洁剂是含有特殊表面活性剂、非易燃并可溶于水的化合物，对各种污染物起到润湿、渗入、乳化及皂化作用。清洗温度、时间及清洁剂浓度等清洗工艺参数应按清洁剂生产厂家的说明书选择。

2.溶剂清洗

其能有效地溶解油脂、油膜、石蜡、密封剂、油漆以及其他有机污染物，通常不用于清除氧化皮及焊接飞溅等无机污染物。溶剂清洗后应无残渣，尤其是使用手工擦拭的溶剂或液槽中的脱脂溶剂。有些溶剂具有毒性和挥发性，使用中应注意。

3.气雾脱脂

其仅用于从工件表面或表面开口缺陷中清除油或油脂类污染物。由于接触时间短，对于一些深度较大的缺陷可能清洗不完全，因此建议随后采取溶剂浸泡方式继续进行清理。

4.碱洗

碱性清洗剂是非易燃的、含有特殊选择的可对各类污染物润湿、渗人、乳化和皂化的去污剂，可以去除遮盖缺陷的锈及氧化皮。碱洗后应该用水彻底漂洗干净工件。

5.蒸汽清洗

蒸汽清洗是热碱槽清洗法的一个改进，就是使得热碱液达到沸点汽化，利用饱和蒸汽的高温和外加高压，清洗工件表面的油渍污物并将其汽化蒸发。一般用于大而笨重的工件，可清除各种无机和有机污染物，但也可能清洗不到深度较大缺陷的底部，因此建议随后采取溶剂浸泡方式继续进行清理。

6.超声清洗

超声清洗是利用超声波在液槽中的振动、空化和直进流作用，辅助清洁剂清洗或溶剂清洗，可以提高清洗效率和效果。需要注意的是，超声波本身没有清洁作用，并且超声清洗后必须用水彻底冲洗并干燥。

7.酸洗

加入缓蚀剂的酸溶液通常用于去除可能遮盖缺陷的氧化皮以及切屑。由于酸类和铬酸盐类物质会对荧光物质的荧光作用产生不良影响，因此酸洗后必须将其彻底漂洗干净，然后再对其表面进行中和处理。此外，由于酸中含氢故有可能造成氢脆时，应加热除氢并冷却至低于52℃后再进行渗透检测。

三、渗透工艺

工件经表面规整、表面预清洗及干燥，冷却至接近环境温度后，对检测表面施加渗透剂，使得整个工件表面或需要检测的局部区域表面均被渗透剂完全覆盖。但有时需要对工件的盲孔或通孔等进行必要的处理，如用橡皮泥或胶带纸堵塞孔洞口，以免渗入渗透剂后造成后清洗的困难，尤其对于清洗较困难的后乳化型渗透检测更是如此。渗透是以渗透剂覆盖工件并且渗透剂通过毛细作用自动进入缺陷中的过程。

（一）施加渗透剂的方法

施加渗透剂的方法包括喷涂、刷涂、浇涂及浸涂等。喷涂，可以采用静电喷涂装置、喷罐以及低压泵等方式，将渗透剂喷出并涂覆在工件表面。刷涂，可用刷子、棉纱或布等蘸取渗透剂后刷在工件表面。浇涂，是将渗透剂直接浇在工件表面上，利用渗透剂液体的流动性使得渗透剂涂覆在工件表面。浸涂，是将整个工件浸泡在渗透剂中使渗透剂涂覆在工件 表面。

施加渗透剂方法的选择，应根据渗透剂种类，工件的材质、大小、形状、数量，检测部位及缺陷特点等来确定。一般而言，小工件多用浸涂法，大工件用喷涂法、浇涂法，焊缝用刷涂法，局部检测用刷涂法或喷罐喷涂法，全面检测用浸涂法或喷涂法，均要保证完全覆盖及在整个渗透时间内保持润湿状态。对于数量较多且足够小的工件，通常采用将其放置于工件筐然后放入渗透剂液槽中，以浸涂的方式施加渗透剂。对于较大且几何形状复杂的工件以及需要进行局部检测的工件，通常采用喷涂、刷涂或浇涂的方法来施加渗透剂。传统喷涂或静电喷涂均是高效的渗透剂施加方法，但静电喷涂方法并不适用于所有类型的渗透剂。静电喷涂可以最大限度地减少过量施加渗透剂，可避免出现渗透剂进入空心孔洞成为渗透剂驻留处，在显像时引起严重的过度渗出而造成干扰显示的问题。喷罐方式便携且方便，适用于局部检测。

特殊情况下，可以辅以加载渗透，即对工件施加拉伸载荷使微细裂纹张开后再施加渗透剂，一般用于极微细裂纹或不便于清洗操作的工件的渗透检测。例如疲劳裂纹的检测，一般初期疲劳裂纹在静态下是闭合的，而热疲劳裂纹中有氧化物、腐蚀物等。钛合金工件中的微细裂纹采用通常的渗透检测是很难检测出的，往往必须采用加载渗透法，也可以采用机械振动的方法辅助渗透。

（二）渗透时间及温度

影响渗透剂渗入开口缺陷的主要因素包括渗透剂的性能、工件的材质、工件的材料成型工艺、工件表面状态（如涂层、污染物及机械障碍物等）、工件和渗透检测材料的温度、开口缺陷的特点（如尺寸、形状及缺陷侧壁的粗糙程度）以及操作时的大气压等。

渗透时间也称为渗透剂驻留时间或渗透剂滞留时间，是指渗透剂与工件表面接触的总时间，施加时间和滴落时间包含在内。

在渗透过程中，时间的长短与温度范围与裂纹检测的灵敏度有很大关系。通常情况下，渗透检测材料和工件表面的温度应在5~50℃的范围内，超出此范围则应按规定程序进行工艺评定。在10~50℃的温度条件下，渗透剂驻留时间（也即渗透时间）一般应不少于10min。在5~10℃的温度条件下，渗透时间一般不应少于20min。或者，按渗透检测材料生产厂家的说明书操作。除非有特殊说明，否则最大渗透时间不应超过生产厂家的规定。

四、去除多余渗透剂

在满足规定的渗透时间后，去除并清洗工件表面多余的渗透剂时，一方面要注意过度去除导致检测效果不佳甚至失败；另一方面也要注意去除不足导致的过度背景造成缺陷显示识别困难而降低检测灵敏度。此外，在清除荧光渗透剂时，推荐在暗环境中紫外线的照射下去除，以便观察和控制渗透剂的去除程度。荧光渗透检测时，缺陷显示应在暗的工件表面背景下发出明亮的黄绿色荧光。如果荧光亮度不足，则表明清洗过度；如果非缺陷部位的工件表面也发出一定亮度的荧光，则表明清洗不足。着色渗透检测时，渗透剂应将白色显像剂染成深红色。如果缺陷显示呈淡粉色，则表明清洗过度；如果背景颜色过深导致缺陷显示难以辨别，则表明清洗不足。

（一）水洗型渗透剂的去除

水洗型渗透剂的去除可采用手工、半自动或全自动喷水冲洗或浸泡冲洗设备及方法进行清除操作，水温、水压及冲洗时间均影响去除效果。水温应在10~40℃温度范围内。喷水冲洗时，射出的水束与工件表面的夹角不宜过大，以约30°为宜。如无特殊规定，冲洗装置喷嘴处水的压强应小于或等于0.34MPa。浸泡冲洗时，工件完全浸泡在压缩空气或机械搅拌的水槽中，通过水流进行冲洗。在无冲洗装置而采用手工操作时，可采用干净且不脱毛的布蘸水后对工件表面分区、逐步擦洗或者用粗水流冲洗。去除水洗型渗透剂时，应注意控制水洗的时间，避免过度水洗。由于水洗型渗透剂中含有乳化剂，因此相比于其他种类的渗透剂，缺陷中的渗透剂更易被洗出。如果漂洗阶段时间过长或是过强，则有可能将缺陷中的渗透剂洗出而难以显示出缺陷。

（二）溶剂去除型渗透剂的去除

溶剂去除型渗透剂，除了特别难以去除的部位外，首先应采用擦拭方法除去绝大部分工件表面上多余的渗透剂，但不能进行往复擦拭。可以用一块干燥、清洁且不起毛的棉麻材料反复干擦工件，直至工件表面的大部分渗透剂被擦除。然后再用一块新的不起毛的棉麻织物蘸取溶剂清洗剂，轻轻擦拭工件表面残余的渗透剂痕迹。选用不起毛的棉麻织物是为了避免在擦除过程中蘸出或洗出缺陷中的渗透剂从而降低检测灵敏度。如果是光滑的工件表面，则可以采用干燥、清洁的布来擦拭。应避免过量使用溶剂清洗剂，如禁止以冲洗或浸泡的方法进行清除。溶剂去除法最有可能清洗掉缺陷中的渗透剂，因此检测灵敏度相对最低。

（三）后乳化型渗透剂的去除

后乳化型渗透剂需要专用的乳化剂对渗透剂起到充分的乳化作用后用水清除。无论是油性乳化剂还是水性乳化剂，乳化时间取决于渗透剂和乳化剂的特点，主要是黏度和化学成分、工件几何形状以及表面粗糙度。后乳化型渗透剂不溶于水而且不能仅用水清洗，因此缺陷中的渗透剂通常不会受到过度冲洗的影响。但是要注意通过试验来确定合适的施加乳化剂的方法，尤其重要的是试验确定出适当的乳化时间，并严格执行试验确定的乳化时间，以免因过度乳化使得缺陷中的渗透剂被乳化洗出而导致缺陷得不到显示。只要控制严格的乳化过程，清洗出缺陷中渗透剂的可能性最小，因而具有最高的检测灵敏度。

1.亲油性后乳化型渗透剂的去除

待渗透充分后，在渗透剂上面浇涂专用的油性乳化剂或将工件浸泡入乳化剂液槽中使其浸涂上乳化剂，渗透剂随即产生乳化作用。但是，浸涂时不得扰动工件或乳化剂。油性乳化剂不能以喷涂或刷涂方式施加，施加乳化剂后应防止乳化剂淤积，如将工件悬挂于工件架上使其滴落。

乳化时间也称为乳化剂驻留时间或乳化剂滞留时间，是指乳化剂与工件表面接触的总时间，施加时间和滴落时间包含在内，应从施加乳化剂时刻开始计算。乳化时间取决于所采用的乳化剂类型和工件表面粗糙度，这里的乳化剂类型指的是快作用型的还是慢作用型的，是油性的还是水性的。标称乳化时间通常应按乳化剂生产厂家的建议。在此基础上，对每一具体应用均应通过试验确定出实际的乳化时间。工件表面粗糙度在乳化剂的选择和乳化时间的确定中是一个重要因素。应保持最短的乳化剂与渗透剂的接触时间，以便得到一个可接受的显示背景，通常应不超过 3min。

达到乳化时间后，可采用手工、半自动或全自动的水浸或喷水清洗设备，有效地清洗乳化了的渗透剂。喷射冲洗时，可采用手动或自动方式，水的温度应保持在 10~38℃范围内。并且，使用手动压力喷枪操作时，水的喷射压强应小于或等于 275kPa；使用液压一气压联动压力喷枪操作时，压缩空气的压强应小于或等于 172kPa。浸泡冲洗时，工件完全浸泡在压缩空气或机械搅拌的水槽中，通过水流进行冲洗。并且浸泡时间应是清除已乳化的渗透剂所需要的最短时间。此外，水的温度应保持在 10~38℃范围内。如果浸泡清洗后还需要清洗干净个别地方，则按喷射冲洗的要求进行。

2.亲水性后乳化型渗透剂的去除

水性乳化剂一般是以浓缩液形式供货，使用时加水稀释，并采用浸泡或喷射方法施加到工件表面上。其配制浓度、使用和保存应依据生产厂家说明书。水性乳化剂是通过净化作用从工件表面去除多余的渗透剂。喷射的水压和敞开式液槽中的压缩空气或机械搅动起到擦洗作用，以净化、排除工件表面的多余渗透剂。

（1）预清洗

由于是亲水性后乳化型渗透剂，因此在施加乳化剂之前可直接用水预清洗工件。该预清洗步骤可以使渗透剂污染亲水性乳化剂槽的可能性最小化，并延长其使用周期。如果是以喷射方式施加乳化剂，则可以不预清洗。预清洗时，可采用手动、半自动或自动方式。并且，使用手动压力喷枪或液压－气压联动压力喷枪操作时，水的喷射压强应小于或等于275kPa；使用液压－气压联动压力喷枪操作时，压缩空气的压强应小于或等于172kPa。水中应无污染物，否则可能堵塞喷嘴或残留在工件上。

（2）施加乳化剂

通过浸泡在搅动的亲水性乳化剂槽中或者喷射亲水性乳化剂到工件表面上，使渗透剂发生乳化作用。浸泡施加时，工件应完全浸入乳化剂槽中。水性乳化剂的浓度应按生产厂家的建议。并且在整个乳化作用阶段，乳化剂槽或工件应通过空气或机械方式轻缓地扰动。应保持最短的乳化剂与渗透剂的接触、乳化作用时间，以便得到一个可接受的显示背景，通常应不超过2min，除非经过合同对方的准许。喷射施加时，所有工件表面应被均匀一致地喷涂上乳化剂和水的混合液，使渗透剂发生乳化作用。喷射用乳化剂的浓度应按生产厂家的建议，但一般不应超过5%。喷射压力应小于275kPa。也应保持最短的乳化剂与渗透剂的接触、乳化作用时间，以便得到一个可接受的显示背景，通常不超过2min。水温应保持在10~38℃范围内。

（3）乳化作用后渗透剂的清洗

可用手工或自动的喷射清洗、浸泡清洗或两者并用，但是不管采用了几种方法，总的清洗时间不应该超过2min。如果使用扰动水流的浸泡方法进行清洗，则工件在液槽中的总的清洗时间应是去除乳化的渗透剂所需要的最短时间，且不能超过2min。此外，水温应在10~38℃范围内。虽然浸泡清洗后还需要进行残余渗透剂痕迹的清洗，但是总的清洗时间仍然不能超过2min。还可以使用手工、半自动或自动的水喷射来清洗乳化的渗透剂。使用手动压力喷枪或液压－气压联动压力喷枪操作时，水的喷射压强应小于或等于275kPa；使用液压－气压联动压力喷枪操作时，压缩空气的压强应小于或等于172kPa。水温应保持在10~38℃。除非有其他规定，喷射冲洗的时间应小于2min。

不管是亲油性后乳化型渗透剂的去除还是亲水性后乳化型渗透剂的去除，如果乳化作用和清洗步骤效果不良，如在工件表面仍有过量的残余渗透剂，则应对工件按上述过程进行彻底的再清除操作。

五、干燥工艺

在渗透检测过程中，预清洗、去除渗透剂并水洗、施加水基湿式显像剂以及检测后处理后，均可能需要干燥处理。如果采用的渗透剂去除方法是溶剂去除法，则一般不必进行专门的干燥处理，溶剂会在室温下迅速挥发。但是水洗型的，无论施加的是水洗型渗透剂还是后乳化型渗透剂，并且在后续工序中欲施加干粉显像剂或溶剂悬浮型湿式显像剂，则在施加显像剂前均应进行干燥处理。如果在后续工序中欲施加水溶解型湿式显像剂或水悬浮型湿式显像剂，则在施加显像剂前没有必要进行干燥，而是在施加显像剂之后进行干燥处理。

可以在干燥箱中采用强制热风或红外线加热等强制干燥方法，或放置在室温环境下自然干燥。还可以在开放环境下采用干净布擦干、压缩空气吹干及热风吹干等方法。

干燥温度不能太高，否则将使缺陷中的渗透剂黏度增大或干结，难以或不能被吸附到工件表面上来。干燥箱温度不应超过 71℃，无论何种干燥方式，金属工件表面的温度均不应超过 50℃，塑料工件一般不应超过 40℃。干燥时间，一方面与干燥方式及其参数有关，另一方面与工件材料、尺寸、表面粗糙度、工件表面上水分的多少以及工件初始温度等因素有关。干燥的时间越短越好，干燥时间以充分干燥所需最短时间为准，通常为 5~10min，超过 30min 将降低检测灵敏度。达到干燥时间后应立即将工件从干燥箱中取出。

六、显像工艺

显像的过程是用显像剂将缺陷处的渗透剂吸附至工件表面并扩展，从而产生清晰可见的缺陷图像。选择显像剂时，需要考虑工件的几何形状、尺寸和表面状态以及检验数量等。

（一）施加显像剂

可以有效施加显像剂的方式很多，如泡、喷、浇、撒及工件滚动等方式，适用于不同类型的显像剂，但工件滚动涂粉工艺比较适合无孔且凸面工件采用。通常情况下，显像剂的施加应薄而均匀，厚度一般以 0. 05 ~0.07mm 为宜。悬浮型显像剂，在使用前应充分搅拌均匀。采用喷涂方法施加显像剂时，喷嘴距工件表面的距离应为 300~400mm，喷涂方向与工件表面的夹角在 30°～40°。不同种类的显像剂，其施加工艺也不同。

1. 干粉显像剂

干粉显像剂即类型 a 显像剂，不能用于着色渗透检测方法中。

（1）施加显像剂

干粉显像剂必须在工件表面充分干燥后施加，并应保证完全覆盖检测区。可以采用将工件放入盛放干粉显像剂的容器中使得干粉显像剂完全包覆或埋没工件，也可以将工件埋没到干粉的流态床中，也可采用手动的喷粉气囊或喷粉枪将干粉显像剂喷洒到工件上，还可以在干粉槽中滚动工件等。最常用和最有效的方法是在一个密封的喷粉室或喷粉柜中施加干粉显像剂，其可以有效且可控地形成一个粉雾环境，并且对周围环境影响不大。

（2）去除过量显像剂

过量的干粉，可以采用轻微抖动或敲击工件的方法去除，或用不超过 34kPa 的低压气流来去除。相比于湿式显像剂，干粉显像剂的优点是容易施加，成本低，喷枪操作时易于均匀覆盖，没有挥发性有害气体，易于清除，可以对批量的工件一次性喷粉，效率较高；其缺点是灵敏度低，粉末容易飘散在空气中从而对人和环境不利，需要检测人员佩戴防尘口罩或配备除尘装置等。干粉显像法大量用于荧光渗透检测，干燥后应立即进行显像操作，因为温度高的工件能得到更好的显像效果。

2. 水基湿式显像剂

水溶解型湿式显像剂即类型 b 显像剂，禁止用于着色渗透检测和水洗型荧光渗透检测。水悬浮型湿式显像剂即类型 c 显像剂，既可以用于荧光渗透检测，也可以用于着色渗透检测。

（1）施加显像剂

水基湿式显像剂应在去除多余渗透剂之后并在其干燥之前施加，水基湿式显像剂的配制和保存应依据生产厂家的说明书，并且施加时应完全、均匀地覆盖工件，可以采用喷、浇、浸等方式施加。采用在显像剂槽中浸泡方式施加时，仅使得显像剂覆盖全部工件表面即可，因为如果在显像剂槽中停留时间过长则有可能造成缺陷显示的灭失。

（2）去除过量显像剂

从显像剂槽中取出工件后，应以适当的方式使得显像剂滴落，以便从所有的淤积处排出过量的显像剂，从而消除有可能模糊缺陷显示的显像剂聚集现象。按前述的干燥方法干燥后，干结的显像剂犹如一个半透明或白色的涂层在工件表面上。

3. 溶剂悬浮型湿式显像剂

溶剂悬浮型湿式显像剂即类型 d 显像剂，可以采用喷射方式施加到工件表面上，形成完全覆盖的一个薄而均匀的显像剂膜。溶剂悬浮型湿式显像剂，在实际检测工程中只以喷射工艺使用。显像剂的施加，在某种程度上应与所使用的渗透剂相适应。对于着色渗透剂，应施加得足够厚，以便提供一个鲜明的显示背景。对于荧光渗透剂，应薄薄地施加，以便形成一个半透明的覆盖层。禁止采用浸、浇施加方式，以防止显像剂中的溶剂冲刷和分解缺陷中的渗透剂。施加溶剂悬浮型湿式显像剂后，要进行自然干燥或用 30～50℃的暖风吹干。

（二）显像工艺参数

显像工艺参数主要是显像时间，是指施加显像剂开始至开始观察之间的时间。显像时间与显像剂类型、需要检测的缺陷大小以及工件温度有关。显像时间通常不应少于 10min，一般为 10~15min。对于干粉显像剂，显像时间从施加干粉后立即开始计时。对于湿式显像剂，显像时间从显像剂干结即水蒸发或溶剂挥发后开始计时。显像时间不能太长，否则缺陷显示轮廓会变模糊。通常情况下允许的最长显像时间，干粉显像剂是 4h，水基显像剂是 2h，溶剂型显像剂是 1h。

七、缺陷显示的观察、测量及记录

（一）缺陷显示的观察

着色渗透检测时，缺陷显示的观察是在自然光或人造光环境下进行的，足够的照度方可保证着色渗透检测的灵敏度。通常应在不小于 1000lx 照度的白光下进行缺陷显示观察。如果是采用便携设备和器材在生产现场进行着色渗透检测，则当可见光照度难以满足 1000lx 的最低要求时，可以适当降低但不能低于 500lx。

荧光渗透检测时，缺陷显示的观察在暗室或暗处进行，其可见光照度应不大于 20lx。黑光强度要足够，在工件表面的黑光辐照度应不低于 1000μW/em^2，并且应每天进行校核。检测人员进入暗室后应至少等待 5min 以便眼睛适应暗室环境，检测人员不能佩戴对观察检测结果有影响的变色眼镜或有色眼镜。辨认细小显示时可用 5~10 倍的放大镜进行观察。

在干粉显像剂施加后或湿式显像剂干燥后开始至显像时间结束，反复、连续地观察缺陷的显示。对于溶剂悬浮型湿式显像剂，应按照生产厂家说明书的规定或评定试验结果进行操作。如果工件尺寸较大而无法在显像时间内完成观察和记录，可以采用分区检测的方法。如果难以分区检测则可适当增加时间，并使用试块进行验证性试验后实施。

（二）缺陷显示的测量和记录

可以采用照相、录像或可剥离性塑料薄膜等的一种或几种方法进行记录，同时标示于草图上。非拒收显示，如有规定则应按规定进行记录。拒收显示，至少应记录缺陷显示的类型（如点状或线状）、位置、尺寸（即长度、直径）以及缺陷分布等，以便对缺陷进行评定。

八、后处理工艺

在观察和记录渗透检测结果后，为了防止残留的显像剂和渗透剂腐蚀工件表面或影响其使用，应对工件表面进行清理，其主要包括显像剂的清除和显示缺陷痕迹的残余渗透剂的清除。

（一）显像剂的清除

如果采用的是干粉显像剂，则可以采用鼓风机或压缩空气清除或用水冲洗的方式清除。如果采用的是湿式显像剂，则显像剂干结膜可以采用水冲洗或用水和清洗剂冲洗并辅以毛刷等手工擦拭或清洗剂清除等。一些专用显像剂，可溶于水则可简单地在水中溶解、漂洗来清除。如果是非水溶性的，则应该用其专用清洗剂予以溶解、擦拭来清除。

（二）残余渗透剂的清除

显示缺陷痕迹的检测区处的残余渗透剂以及非检测区处未清理的残余渗透剂，可以根据其类型，分别用水、溶剂或施加乳化剂后用水清洗等方式予以清除。推荐采用溶剂浸泡 15min 以上或超声波溶剂清洗 3min 以上等方式来清除。在有些情况下，可以先进行气雾脱脂，然后再用溶剂浸泡。这两个阶段所需要的时间与工件的特点相关，可由试验进行确定。

第五章　磁粉检测

如果磁化铁磁性工件，则在工件表面或近表面的缺陷处的磁场发生改变而形成漏出工件表面的磁场，借助吸附聚集的磁粉来显示出该漏磁场的位置、形状、尺寸及走向等来检测工件表面或近表面缺陷的方法称为磁粉检测。磁粉检测是五种常规无损检测方法之一。特别地，专为得到工件表面损伤信息的磁粉检测称为磁粉探伤，并且磁粉检测主要就是用于探伤，是三种工件表面和近表面缺陷常规探伤方法之一。

磁粉检测的基本原理是，当外加磁场或直接通以电流磁化铁磁性工件后，将在工件中建立内部感应磁场。如果在工件的表面或近表面存在着缺陷，由于缺陷处的磁性往往很低，因此工件内部磁场的磁力线试图绕过该缺陷处从而导致方向发生改变。在磁力线离开和进入工件表面处产生磁极，即在缺陷处形成一个漏出工件表面的漏磁场。此时施加被磁化性能极强的磁粉则磁粉将被该漏磁场磁化、吸附并聚集而形成人眼可见的磁痕，从而发现工件表面和近表面的缺陷。

与同为工件表面和近表面缺陷检测方法的渗透检测和涡流检测相比较，磁粉检测的主要优点是：可以检测表面开口缺陷和近表面缺陷；具有极高的检测灵敏度，甚至可以检测出微米级宽度的缺陷；检测结果的重复性好；显示缺陷的位置、形状、尺寸、取向、数量及分布特点等直观可靠；检测工艺简单且易于掌握；检测效率高；成本较低；对人无害并对环境污染小；几乎不受工件大小和几何形状的影响；对检测表面的预处理要求较低，可以直接检测表面腐蚀的工件；可以采用永磁铁或电磁轭（U形磁铁）进行检测，适合野外现场的简单检测；较薄的非铁磁性金属或非金属涂层或镀层不影响检测。磁粉检测的局限性是：只适用于铁磁性材料，即主要是铁、钴、镍及其合金，奥氏体不锈钢等虽然是铁基合金，但因其不是铁磁性材料故不能检测；只能检测表面和近表面缺陷，不能检测内部缺陷，可检测深度一般在1~2mm；单一的磁化方向有可能造成漏检；在缺陷检测结束后，往往要附加退磁工序和清理磁粉工序；采用直接通电法磁化时，电接触工件表面易被烧伤；当构件外形复杂、突变或材料特性局部变化等，易形成伪磁痕等干扰显示。正因为磁粉检测在灵敏度及检测成本等方面具有较大的优势，所以是铁磁性材料表面和近表面缺陷检测的首选方法。

磁粉检测的应用领域非常广泛，主要应用于航空、航天、兵器、交通运输、机械、冶金、电力、石油及核能等行业，不仅应用于板材、管材、棒材、铸件及锻件等原材料和零部件，还应用于焊件、机械加工件、热处理件及电镀件等成品和半成品，甚至应用于锅炉、压力容器、压力管道、石油化工等重要设备的在役检测。特别地，水下磁粉检测可以应用于海上采油平台及水下管道系统的缺陷检测。磁粉检测主要用于铁磁性材料的原材料、毛坯、半成品和成品以及在役零件表面和近表面的裂纹、折叠、发纹、夹杂和其他缺陷的检测。磁粉检测除了探伤之外，还偶用于工件冷作硬化检测及应力检测等。

磁粉检测一般由预处理，磁化工件，施加磁粉，磁痕分析、记录及评定，退磁及后处理组成。本章的总体结构以及各节的内容也将依此组织并进行分析和介绍。

第一节　磁粉检测的物理基础

在磁粉检测中，磁化过程几乎是最重要的环节。磁化，由两要素构成，即励磁磁场和铁磁性材料。此外，磁粉检测可以认为是漏磁检测和目视检测的结合。磁粉检测中的光学基础，可参考渗透检测部分的相关内容。下面，仅就与磁粉检测相关的物理基础进行简单介绍和分析。

一、励磁磁场及磁化

（一）励磁磁场

磁粉检测首先要磁化工件。铁磁性材料本身不具有磁性，只有在外界激发下才能具有磁性，即工件的磁化需要一个外部激励源，也就是所谓的励磁磁场。励磁磁场是由磁体提供的，磁体主要有两种：永磁体和电磁体。永磁体通常是自然存在，电磁体则完全是人工所为，均可以提供励磁磁场来磁化欲检测的工件。

1.永磁体及其磁场

永磁体是指在外加磁场的有效作用去除后很长时间仍然能持续有磁性的物体，有天然永磁体（如磁铁矿）和人造永磁体（如铝镍钴合金）之分，最常见的就是我们俗称的“磁铁”。永磁体也称为硬磁体，不易退磁。但若加热永磁体超过其居里温度，或位于反向高磁场强度的环境下，其磁性也会减少或消失。永磁体材料有很多种，但在实际磁粉检测中最常用的是铁氧体永磁材料。磁粉检测中最常见的永磁体是条形磁铁和马蹄形磁铁。条形磁铁所建立的磁场，磁力线是从磁铁的一极到另一极。磁力线总是试图寻找一个磁阻最小的路径而形成一个闭合回路于N、S极之间。马蹄形磁铁所建立的磁场，其N、S极在一个平面内，并由于N、S极非常接近且有直接的磁通路，故磁场主要集中在两极之间。磁粉检测，采用马蹄形磁铁较多，也偶用条形磁铁。相比于电磁体，永磁体由于不需要电能，因此经常在野外磁粉检测、不易连接电源的高空或者是简单磁粉检测等中使用。但由于其磁场强度和磁化品质难以人为控制，因此在磁粉检测中大量使用建立电磁场来磁化被检工件的方法。

2. 电磁体及其磁场

永磁体作为激励源，由于其磁场强度不可控制而缺少检测工艺的灵活性，因此在磁粉检测中常用电磁体作为激励源来建立励磁磁场。电流通过导体时，在导体内部及其周围存在着磁场，磁场方向可由右手定则来确定。磁粉检测时主要通过三种方式建立励磁的电磁场：通电给非铁磁性导电材料（如铜棒）从而建立励磁磁场来磁化铁磁性工件；直接通电给铁磁性导电材料的工件（如钢棒或钢管）来建立励磁磁场同时磁化工件；给线圈通电从而建立励磁磁场来磁化铁磁性工件。上述的励磁磁场均是由电生磁，即所谓的电磁场，从而铜棒、钢棒及线圈等成了电磁体。下面对磁粉检测中的励磁磁场进行简单分析。

（二）磁化

所谓磁化，简单来说就是在励磁磁场的作用下，使原来不具有磁性的材料获得磁性的过程。现代科学揭示了磁化的本质，通过施加磁场使被检测物体成为一个临时磁体的过程。这通常涉及将磁场与磁粉结合使用，以突出或显示被检测物体表面上的缺陷、裂纹或其他不可见的缺陷。磁化可以通过直流电流或交变电流在被检测物体上产生磁场来实现。

二、感应磁场及漏磁

（一）感应磁场

感应磁场是指由电流或磁场变化引起的周围空间中的磁场。根据安培定律，通过电流产生的磁场会形成一个环绕电流导体的闭合磁力线。这个磁场可以被其他物体（如传感器或检测设备）感应到。在磁粉检测中，当施加磁场到被检测物体上时，如果物体存在缺陷或裂纹，磁场会发生漏磁，即从物体表面“泄漏”出来。这些漏磁区域会形成一种新的感应磁场，与原始施加的磁场不同。检测人员可以使用磁粉粒子来可视化这些漏磁区域，从而检测出物体表面上的缺陷或裂纹。感应磁场和漏磁区域的分布模式对于检测人员来说是重要的线索，帮助他们确认和评估潜在的缺陷。

（二）磁粉检测时的磁感应强度分布

磁粉检测时的磁感应强度分布是指在被检测物体表面上形成的磁场强度的分布情况。这个分布取决于施加的磁场类型（直流或交变）、磁化方法、被检测物体的形状和材料性质等因素。施加的磁场会在被检测物体的表面形成一个磁场分布图案。通常，在缺陷附近会发生漏磁，形成更强的磁场区域，而在无缺陷的区域则磁场较弱。这种磁场强度分布的变化可以由磁粉粒子吸附并显示出来，从而使缺陷得以可视化。

具体的磁感应强度分布图案会受到多种因素的影响，包括磁场的强度和方向、被检测物体的形状和材料、缺陷的性质和位置等。为了有效地进行磁粉检测，检测人员需要了解和识别不同磁感应强度分布对应的缺陷特征，以便准确地检测和评估被检测物体的状态。。

（三）退磁场

退磁场是指在磁粉检测或其他磁化过程后，通过施加相反方向的磁场来减小或消除被检测物体上残留的磁性。它用于恢复材料的原始非磁性状态或为了避免对后续工艺或使用造成干扰。退磁通常使用一个与磁化时相反方向的磁场来实现。该磁场以逐渐减小的强度施加在被检测物体上，从而逐步削弱或完全消除残余磁性。退磁可以通过多种方法进行，例如使用特殊的退磁线圈、电流递减退磁和旋转退磁等。退磁的目的是确保被检测物体不会对其他设备或材料产生负面影响。此外，在某些情况下，退磁也可以用于去除由磁粉检测过程中产生的残留磁性，以便进一步处理或分析被检测物体。重要的是要根据具体应用和需求正确执行退磁过程，并确保恢复到所需的非磁性状态。

（四）漏磁

漏磁是指在磁化过程中或磁场作用下，被检测物体表面或近表面出现磁场强度较高或异常的区域。这些区域通常与物体内部的缺陷、裂纹或其他不均匀性有关。在磁粉检测中，当施加磁场到被检测物体上时，如果物体存在缺陷或裂纹，磁场会发生漏磁，即从物体表面泄露出来。由于缺陷破坏了物体的磁场连续性，磁感应强度会在缺陷周围形成局部增强的漏磁区域。

漏磁可以通过使用磁粉粒子来可视化和检测出来。磁粉粒子会在漏磁区域集聚，形成可见的磁粉沉积或磁粉线条，从而揭示出物体表面上的缺陷或裂纹。

检测人员可以根据漏磁区域的分布、形状和强度来判断缺陷的性质和位置，并进行评估和分类。漏磁是磁粉检测中重要的现象之一，它提供了对物体表面缺陷的可视化指示，帮助进行质量控制和安全评估。

此外，工件状态方面，如果表面存在油脂、涂料或非铁磁性镀层材料等，将降低漏磁场强度。工件材料的性质及状态方面，材料的合金化、冷加工经历及热处理状态都会影响材料的磁性能，从而影响漏磁场的大小。但相对而言，工件材料的性质及状态对漏磁场的影响较小。总之，磁粉检测最容易发现接近表面的有一定延伸且延伸方向与磁力线近似垂直的缺陷。需要注意的是，晶粒的粗大、组织的不均匀、工件表面的不平整、截面变化或是磁导率发生改变等也将引起漏磁，其将造成磁粉检测的复杂性，并降低检测的准确性。

三、剩磁磁场及退磁

铁磁性材料的磁滞回线，系统、全面地解释了其磁化过程和磁化规律，揭示了磁粉检测中磁感应强度 B 与励磁磁场强度 H 之间的关系。

（一）磁滞回线

磁滞回线是用来描述材料在周期性磁场作用下的磁化行为的图形。它描绘了材料磁化强度（磁感应强度）与施加磁场之间的关系。当施加一个逐渐增大的磁场时，材料的磁化强度也会随之增大，但并非线性增加。相反，材料在饱和前会经历一段增长速率逐渐减缓的阶段。当达到饱和磁化时，材料的磁化强度不再增加，即磁场对其没有进一步影响。然而，如果逐渐减小施加的磁场，材料的磁化强度通常不会完全返回到初始状态。相反，磁化强度会呈现出一定程度的残留，这就是磁滞回线的特征。磁滞回线的形状取决于材料的性质，如磁导率、饱和磁化强度和矫顽力等。

磁滞回线的形态可以提供有关材料的磁性特征和性能的信息。例如，通过观察磁滞回线的面积大小，可以评估材料的磁化能力和磁导率。此外，磁滞回线还与材料的磁饱和和矫顽力等特性相关，对于一些应用中需要控制和优化磁性行为的材料选择和设计非常重要。

（二）剩磁磁场

剩磁磁场是指在磁化过程中，当施加的磁场被移除后，物体仍保持一定程度的磁性或磁感应强度。它是由材料内部的微观磁性领域（如磁畴）未完全恢复到无磁状态所导致的。材料在受到外部磁场的作用时，其磁性会发生变化，磁畴会重新排列以对齐于外部磁场的方向。当外部磁场被移除时，有些磁畴可能会保持对齐，导致物体保留一定的磁性。这种残余磁性就是剩磁磁场。剩磁磁场的存在可以影响材料的行为和性能。例如，在电机或发电机中，剩磁磁场可以产生额外的磁场，从而影响设备的运行特性。在磁记录介质中，剩磁磁场可以影响数据的存储和擦除。因此，在某些情况下，需要进行退磁操作来降低或消除剩磁磁场，以确保材料或设备处于预期的磁态或工作状态。。

（三）退磁

1.剩磁对工件的不良影响

剩磁磁场，一方面可用于磁粉检测而检出缺陷，另一方面会对工件的后续使用产生一定的不良影响。例如：使得清除黏附在检测完的工件上的磁粉变得困难；运动件，由于剩磁而黏附在工件上的铁屑、磁粉等将可能引起附加的磨料磨损；欲焊接件，剩磁将可能导致后续焊接的磁偏吹，影响焊接过程的稳定性并降低焊接质量；欲机械加工件，剩磁的存在导致加工出的铁屑黏附，将影响机械加工过程和质量；欲电镀件，剩磁将可能导致电镀电流在洛伦兹力作用下偏离，从而影响电镀过程及质量；影响剩磁工件附近的磁罗盘和指针式仪表的精度；剩磁严重时，可能影响工件附近电子设备的正常工作等。因此，磁粉检测结束后往往应将工件中的剩磁除去，即退磁。

2.退磁原理

退磁就是将被检工件的剩磁减小至不产生不良影响程度的过程。不同的退磁方法，其原理也不同。加热法退磁是将磁粉检测结束后有剩磁的工件加热到居里温度以上，低碳钢一般为770℃，保持一定的时间后冷却即可退磁。其原理是，当加热温度超过居里温度时，钢质工件的微观组织变成高温奥氏体从而磁性消失，冷却后剩磁场被去除。但注意长度方向应为东西向以免地磁场对退磁过程的影响。由于需要加热并保温，此方法的工艺参数较多且不易控制，尤其是体积较大或者是热敏感材料的工件，不宜施行。

在磁粉检测工程中，通常采用外加退磁电磁场的方法方便地进行退磁，即采用逐步减小外加的退磁磁场强度及转换退磁磁场方向的办法进行退磁。可以采用从通以交流电的线圈中逐步拉出的办法退磁，也可以采用通以交变电流的电磁轭改变电流大小的办法进行退磁。在固定式磁粉探伤机中，通常采用逐步、缓慢地减小通过线圈的交流电流的办法进行退磁。

第二节　磁粉检测设备及器材

一、磁粉探伤机

（一）磁粉探伤机的分类

磁粉探伤机分为固定式磁粉探伤机、移动式磁粉探伤机和便携式磁粉探伤机，其中固定式磁粉探伤机的磁化电流大，并且配置的相关部件比较完备。

1.固定式磁粉探伤机

安装在固定场合，有卧式或立式之分。一般可以提供1~10kA以上的最大磁化电流，可以对检测对象进行周向、纵向及各种形式的复合磁化。检测结束后，可以用交流或直流进行退磁。通常配有电触头及电缆，可以对不能搬上工作台的大型、重型工件进行检测。

2.移动式磁粉探伤机

主体是磁化电源，附件有支杆电触头、吸附电触头、钳形电触头、磁化线圈及软性电缆等。设备底部一般安装有滚轮，便于在工地或车间内移动，一般以不易移动的大型工件为检测对象。一般为3~6kA的磁化电流，有的可以达到10kA。

3.便携式磁粉探伤机

主要有小型电磁轭、交叉电磁轭和永久磁轭等几种。其自重轻，便于随身携带，适用于野外和高空作业；有小巧轻便、不会烧伤被检工件表面等优点，在锅炉和压力容器的焊缝检测中得到广泛应用。其主要技术指标为衡量磁化能力的最大磁极间距下的提升力。交叉电磁轭分为十字交叉和平面交叉，一般在四个磁极上均装有滚轮，可以在被检工件上连续滚动，检测速度快，特别适用于大型工件的检测。在无电源（如野外检测）时可以使用“1”形永久磁轭进行检测，在最大磁极间距下，其提升力通常应不小于 177N。

（二）磁粉探伤机型号的识别

磁粉探伤机根据不同的制造商和型号，可能会有不同的命名规则。一般来说，磁粉探伤机的型号可以通过以下途径进行识别：

1. 制造商网站

访问磁粉探伤机的制造商官方网站，通常能够找到他们产品线的详细信息，包括各个型号的名称和规格。

2. 产品手册和说明书

已购买或感兴趣的磁粉探伤机通常附带有产品手册和说明书。这些文档中通常包含了型号的详细描述和标识。

3. 市场渠道和销售商

向专业的磁粉探伤设备销售商咨询，他们可以提供关于不同型号的详细信息和指导。

4. 在线论坛和社区

参与与磁粉探伤相关的在线讨论论坛和社区，向其他用户或专家请教，他们可能会分享有关不同型号的经验和知识。

需要注意的是，不同的制造商可能使用不同的命名规则和编号方式来标识其磁粉探伤机型号。因此，最好直接从相关的官方渠道获取准确和可靠的型号识别信息。

（三）磁粉探伤机的组成

磁粉探伤机除了磁化装置这个主要功能部件之外，一般还有工件夹持机构、磁悬液喷淋装置、指示仪表、磁痕观察辅助灯具及退磁装置等，以便完成全部的磁粉检测工作。

1. 磁化装置

磁化装置通常由磁化电源和磁化机具两部分组成。

（1）磁化电源：磁化电源是提供电流的设备，用于产生所需的磁场。它可以是直流电源或交流电源，根据具体的应用需求而定。磁化电源通常具有调节电流和控制磁场强度的功能，以满足不同工件的磁化需求。

（2）磁化机具：磁化机具是将磁场应用到工件上的设备。它可以是磁化线圈、磁棒、夹具或专门设计的磁化装置等形式。磁化机具通过与磁化电源连接，并通过传导或感应方式将电流或磁场引入工件，实现工件的磁化或检测。

磁化装置的设计和配置会根据具体的应用需求而有所不同。它们可用于磁性材料的处理、磁粉探伤、磁性材料测试等领域。关键是确保磁化电源能够提供适当的电流和磁场强度，而磁化机具能够有效地将磁场引入工件中。

2. 工件夹持机构

工件夹持机构是用于夹持和固定工件的装置或系统。它们在制造、加工和检测过程中起着重要的作用，确保工件在操作期间保持稳定的位置和姿态。以下是几种常见的工件夹持机构：

（1）夹具：夹具是最常见的工件夹持机构之一。它们通常由夹具床、夹具夹爪（手臂）和夹具螺杆等组成。夹具通过调节夹具夹爪的位置和夹紧力来固定工件。

（2）卡盘：卡盘是用于夹持旋转工件的机构，常用于机床加工。它们通常由一个可旋转的盘状装置和夹紧机构组成，通过夹持工件周边或表面来实现固定。

（3）磁性夹持器：磁性夹持器利用磁力原理夹持工件，适用于平坦和磁性材料。它们通过控制磁场的产生和调节来实现夹紧工件。

（4）气动或液压夹持器：这些夹持器使用气动或液压压力来夹持工件。它们通常由活塞、气缸或液压系统组成，通过调节压力来实现夹紧和释放工件。

（5）夹具系统：一些特定应用需要更复杂的夹持机构，例如在自动化生产线中使用的夹具系统。这些系统通常由多个夹具、输送装置和控制系统组成，能够夹持、传送和处理工件。

根据具体的工件形状、材料和加工需求，选择合适的工件夹持机构是至关重要的。它们确保工件在操作期间保持稳定，提高加工精度和安全性。。

3. 磁悬液喷淋装置

固定式磁粉探伤机往往采用检测灵敏度较高的磁悬液。固定式磁粉探伤机的磁悬液喷淋装置由磁悬液槽、电动泵、软管、喷嘴及回收盘组成。磁悬液槽用于储存磁悬液并通过电动泵叶片将槽内磁悬液搅拌均匀，并依靠泵的压力使磁悬液通过软管从喷嘴喷洒到工件上。在磁悬液槽的上方装有格栅，在格栅上方有夹持机构夹持工件，从而回收从工件滴落的磁悬液以供反复使用。为防止铁屑等杂物进入磁悬液槽内，在回流口上装有过滤网。

在移动式和便携式磁粉探伤机中，通常没有搅拌、喷淋装置，而是采用电动或手动压力喷壶、喷粉器或喷罐来喷淋磁悬液，采用空气压缩机、喷粉器或是橡胶气囊来使手动洒下的干粉散布均匀。

4. 指示仪表

磁粉探伤机的指示装置主要有指针式电流表和电压表，也有一些工作状态指示灯。电流表又称为安培表，分为直流电流表和交流电流表。交流电流表与互感器连接，测量交流磁化电流的有效值。直流电流表与分流器连接，测量直流磁化电流的平均值。也有简单地用晶闸管导通角度来指示磁化电流大小的。在现代磁粉探伤机中，单片机控制下也有用数字显示电流值和电压值的方式，一般采用霍尔传感器检测磁化电流并经 A/D 转换后输入到单片机中，并采用数码管或液晶显示器予以显示，也有采用触摸屏进行显示的。

5. 磁痕观察辅助灯具

磁痕观察应根据磁粉的类别进行。着色磁粉，在太阳光、荧光灯、白炽灯或LED灯下进行；荧光磁粉，需要在暗室环境用黑光灯来激发荧光以便观察。着色磁粉探伤时，被检工件表面的可见光照度应不小于1000lx。荧光磁粉探伤时，黑光灯距被检工件表面400mm时，被检工件表面的黑光强度应大于1000μW/cm^2，基底可见光照度应不大于20lx。当无法使用常规照明设备时，应使用特殊的照明观察手段，如笔式黑光光源、黑光光导管或内窥镜等。

6.退磁装置

退磁往往是磁粉检测必不可少的一个环节，因此探伤机中也常配置有退磁装置，也可以分立而作为一个单独的磁粉检测辅助设备。根据不同的退磁方法，退磁装置可分为退磁交流线圈、交流降压退磁装置、直流换向降压退磁装置、扁平线圈退磁器以及简便的交流磁轭退磁器等。

（1）退磁交流线圈

它是利用交流电的换向和工件离开线圈时的磁场强度逐渐减小（衰减）来实现退磁的，这需要工件和退磁交流线圈之间有相对运动。也可以在静止状态下退磁，即工件和退磁交流线圈相对静止，通过交流电的换向和交流电电流有效值的逐步降低（磁场强度的衰减）来实现退磁。如果工件为重型或大型，则推进线圈产生相对运动。有的还配置有按钮、定时器和指示灯，以便控制和显示退磁进程。供电电源的逐步降压方式可以有多种，如可以采用改变初级绕组匝数、调压变压器或者控制初级回路晶闸管的导通角等。

（2）交流降压退磁装置

其退磁原理与退磁交流线圈相同，也是通过交流电的“换向”和逐步降压的“衰减”来实现退磁。差别在于，该装置用于直接给细长工件通电的情况，不同于线圈建立间接磁场来作用于工件。电源输出电压的逐步降低，也与退磁交流线圈的供电电源大同小异。

（3）直流换向降压退磁装置。其退磁原理也与退磁交流线圈基本相同。实际上，虽然电源输出的是直流电，但通过换向器使得作用于工件上的磁场方向发生变化，再采用逐步降低直流电压的磁场强度衰减作用来实现退磁。不同之处就在于，作用于工件上的电流是恒定电流，不同于退磁交流线圈的电流由小到大再到小的变化。

（4）扁平线圈退磁器

就是在一个扁平的U形铁心的左右两支柱上串绕两组线圈，将此线圈通以衰减的交流电，形成一个“换向衰减”的外加磁场。由于是扁平形状，因此特别适合于大面积工件（如钢板）的退磁，驱动扁平线圈退磁器的操作与使用熨斗相似。

（5）交流磁轭退磁器

电磁轭具有功率低、自重轻、体积小、机动性强及操作方便灵活的特点，比较适用于对焊缝或细长杆件类工件的分段局部退磁。

除了上述介绍的装置外，在自动或半自动磁粉探伤机中还有单片机或PLC控制器装置，用以自动控制部分或全部的磁粉探伤过程。

二、磁粉

微米尺度的磁粉在漏磁场处聚集形成宏观磁痕从而显示出缺陷的位置、大小、走向等，对磁粉检测十分关键。正确选择磁粉与正确选择磁化方法、确定磁化规范一样，均直接关系到磁粉检测的灵敏度。磁粉检测使用的磁粉，其基础原料主要是金属磁粉（工业纯铁粉）或氧化物磁粉。

（一）磁粉的种类

磁粉，按照其是否能在外部激励源（如黑光灯）作用下发出荧光而分为荧光磁粉和非荧光磁粉，按照是否与某种液体混合而分为干磁粉和磁悬液，干磁粉也称为干粉，磁悬液也称为湿粉。磁悬液是将干磁粉与其非溶解性液体混合而成的流动性较好的液态磁粉。干磁粉悬浮于该非溶解性液体中，故称该非溶解性液体为载液。

（二）干磁粉

1.种类

干磁粉可分为非荧光干磁粉和荧光干磁粉两大类。

（1）非荧光干磁粉

非荧光干磁粉是一种用于磁粉探伤的材料，不具有荧光特性。它们通常由铁粉或其他磁性材料与添加剂混合而成。

非荧光干磁粉的工作原理是利用磁场的引导作用，将磁粉沉积在被检测物体表面的缺陷区域。当存在缺陷时，磁粉会在缺陷处形成可见的磁痕线，从而使操作人员能够检测到和评估缺陷的存在和性质。

非荧光干磁粉的主要特点包括：

①可见性：非荧光干磁粉在适当的照明条件下，能够形成明显可见的磁痕线，使缺陷更易于观察和评估。

②经济性：相对于荧光磁粉，非荧光干磁粉通常更经济实惠，成本较低。

③适用范围广：非荧光干磁粉可应用于各种材料和工件类型的磁粉探伤，包括钢铁、铸铁、铝合金等。

④操作简单：使用非荧光干磁粉进行磁粉探伤相对简单，不需要特殊的紫外光源或滤光器。

需要注意的是，与荧光磁粉相比，非荧光干磁粉可能对于微小或表面深度较浅的缺陷检测效果稍逊。因此，在具体应用中，根据需求和要求选择合适的磁粉类型是重要的。

（2）荧光干磁粉

荧光干磁粉是一种用于磁粉探伤的材料，具有荧光特性。它们通常由铁粉或其他磁性材料与添加剂混合，并添加了荧光染料。

荧光干磁粉的工作原理是，在紫外光（黑光）照射下，荧光染料在缺陷区域发出荧光，形成明亮可见的磁痕线。这使操作人员能够更容易地检测和评估工件上的缺陷。

荧光干磁粉的主要特点包括：

①荧光可见性：荧光干磁粉在紫外光照射下呈现明亮的荧光，使磁痕线在暗背景中非常突出和可见，大大提高了缺陷的观察和评估能力。

②高灵敏度：荧光干磁粉对微小或表面深度较浅的缺陷具有较高的检测灵敏度，能够发现细小的裂纹、裂缝和其他缺陷。

③适用范围广：荧光干磁粉可应用于各种材料和工件类型的磁粉探伤，包括钢铁、铸铁、铝合金等。

④操作相对简单：使用荧光干磁粉进行磁粉探伤需要紫外光源（黑光灯）或荧光检测设备，在合适的照明条件下操作。这些设备能够激发荧光染料并增强磁痕的可见性。

荧光干磁粉在磁粉探伤中广泛应用，特别是对于需要高灵敏度和精确检测的情况。它们提供了良好的缺陷显示效果，能够帮助操作人员准确定位和评估工件上的缺陷。

2. 性能

（1）磁性

理想的磁粉首先应具有高的磁导率，易于被微弱的缺陷漏磁场磁化并吸附聚集；其次应具有低的矫顽力和低剩磁，使得磁粉容易自然退磁从而在退磁后磁粉之间不吸附成团，并且可使得磁粉和工件表面不紧密黏附从而易于清理，保证后续检测或工件的使用。

磁粉的磁性是磁粉最主要的性能，需要有确定的方法进行评价，通常采用磁性称量法来衡量。磁性称量法测定磁粉磁性的原理是，通过一个标准的交流电磁铁在规定条件下吸引的磁粉多少来评价磁粉磁性大小。

（2）粒度

选择磁粉的粒度应兼顾到缺陷的性质、尺寸和磁粉的使用方式。用干粉法检测近表面缺陷或大尺寸缺陷时，宜采用较粗的磁粉；用湿粉法检测表面缺陷或小尺寸缺陷时，宜采用较细的磁粉。实际检测使用的磁粉中含有各种不同粒度的磁粉，因而对各类缺陷都可以得到较均衡的检测灵敏度。在实际的磁粉检测中，干粉法磁粉检测推荐使用 80～160 目的干磁粉，湿粉法磁粉检测推荐使用 300~400 目的干磁粉配制的磁悬液。

（3）形状

磁粉的形状有条状和球状之分。一般而言，条状磁粉更容易磁化形成稳定磁极而连接成磁粉链条，球状磁粉因其不易磁化、球形并且磁极不稳定从而具有较好的流动性。此两种性能均是磁粉需要具备的检测特性，所以实际的磁粉是将这两种形状的磁粉按一定比例混合而成，条状磁粉和球状磁粉的混合比例一般为1：1~2：1。磁粉的流动性，在干粉法磁粉检测时尤显重要。

（三）磁悬液

磁悬液由干磁粉与油或水按一定比例混合而成，搅拌时应呈均匀的悬浮状，只用于湿粉法磁粉检测。磁悬液可分为非荧光磁悬液和荧光磁悬液，非荧光磁悬液由非荧光干磁粉与载液混合配制而成，荧光磁悬液由荧光干磁粉与载液混合配制而成。

载液选用油时，特别是采用荧光干磁粉时应优先选用无毒、轻质、低黏度、闪点在94℃以上的无味煤油，也可以采用变压器油或变压器油与煤油的混合液。变压器油中的磁粉悬浮性好，但其运动黏度大，因而检测灵敏度不如煤油。

载液选用水时，优点是显示快、灵敏度低、成本低、无火灾危险、无石油化工产品的难闻气味及容易清洁等。其缺点有：为了避免腐蚀工件，往往要添加防锈剂；为了使其在工件表面易于铺散开来，需要添加润湿剂；为了去除工件表面的油污，需要添加除油污剂从而需要附加消泡剂等。相对而言，选用水做载液比较麻烦，除特殊场合一般不选用。

每升磁悬液中含有的磁粉克数（即磁悬液的浓度）将大大影响检测灵敏度。磁悬液的浓度太低则小缺陷漏检，太高则使对比度降低从而干扰缺陷的显示。

湿粉也有以磁膏或浓缩磁粉的方式供货的，检测时按一定比例用水稀释后即可使用，这是因为磁膏中一般已经含有润湿剂和防锈剂等。

三、磁化品质评价器材

在实际检测工件前，一般应对工件的磁化效果进行评价和确认，以免因磁化效果不良导致检测不出缺陷。在磁粉检测中，常用标准试片、标准试块、磁场指示器等来对磁化效果进行评估。试片和试块主要用于评价综合性能并间接地考察检测操作的合理性。磁场指示器除了具有上述用途外还可以定性地反映被检工件表面的磁场分布特征，确定磁粉检测规范。

（一）标准试片

标准试片主要用于检验连续法磁粉检测时的磁粉检测系统的综合性能，一般可以明示被检工件表面具有足够的有效磁场强度及方向、有效检测区以及磁化方法是否正确。标准试片根据外形及尺寸，可分为A型试片、C型试片及D型试片；按照热处理状态可分为退火试片和未退火试片；按照人工刻槽缺陷的深度由浅到深分为高灵敏度试片、中灵敏度试片和低灵敏度试片。需要注意的是，灵敏度分类是指在同一热处理状态下的。一般而言，同一类型和灵敏度等级的试片，未退火试片比退火试片的灵敏度高出约1倍。

（二）标准试块

我国使用的主要是环形试块，分为B型试块和E型试块，用于心棒磁化法时对磁化品质进行评价。

1.B型试块

B型试块是一种用于无损检测（NDT）中超声波检测的标准试块。它通常用于评估超声波探头在材料中探测和检测缺陷的性能。

B型试块的特点包括：

（1）材料：B型试块通常由金属材料制成，如钢、铝等。这些材料通常具有良好的导音性能，可以有效传播超声波信号。

（2）缺陷模拟：B型试块上会人工制造不同类型和尺寸的缺陷，例如孔洞、裂纹等。这些缺陷模拟真实工件中可能存在的缺陷，并提供了用于评估探测性能和灵敏度的基准。

（3）标定和校准：使用B型试块可以对超声波探头进行标定和校准。通过将超声波探头与B型试块接触，操作人员可以调整仪器设置和参数，以确保正确的探测深度和缺陷探测能力。

（4）尺寸和几何形状：B型试块的尺寸和几何形状符合相关的国际标准或行业规范。常见的B型试块形状包括平板、直径圆柱等，不同尺寸和形状的试块可用于不同应用和检测要求。

B型试块是超声波无损检测中常用的标准试块之一。它们提供了一种标准化的方法和工具，用于评估和校准超声波探头在材料中检测缺陷的性能，以确保高质量和准确的无损检测结果。。

2.E型试块

E型试块是一种用于无损检测（NDT）中超声波检测的标准试块。它通常用于评估超声波探头在材料中探测和评估缺陷的性能，并进行灵敏度校准。

E型试块的特点包括：

（1）材料：E型试块通常由金属材料制成，如钢、铝等。这些材料具有良好的导音性能，可以有效传播超声波信号。

（2）缺陷模拟：E型试块上会人工制造不同类型和尺寸的缺陷，如平行于表面的裂纹、孔洞等。这些缺陷模拟真实工件中可能存在的缺陷，并提供了用于评估探测性能和灵敏度的基准。

（3）标定和校准：使用E型试块可以对超声波探头进行标定和校准。通过将超声波探头与E型试块接触，操作人员可以调整仪器设置和参数，以确保正确的探测深度、分辨率和灵敏度。

（4）尺寸和几何形状：E型试块的尺寸和几何形状符合相关的国际标准或行业规范。通常，E型试块为长方形或正方形板状，具有标准的厚度和宽度尺寸。

E型试块是超声波无损检测中常用的标准试块之一。它们提供了一种标准化的方法和工具，用于评估和校准超声波探头在材料中检测缺陷的性能，并确保高质量和准确的无损检测结果。

（三）磁场指示器

磁场指示器是一种用于检测和显示磁场的装置或仪器。它能够测量和指示磁场的强度、方向和分布，并提供可视化的结果。

磁场指示器的工作原理可以基于不同的物理原理，包括：

（1）磁感应型：磁感应型磁场指示器使用磁性材料，如钢片或磁性粉末，在磁场中受到力或位置变化，从而显示磁场的存在和分布。常见的磁感应型磁场指示器包括磁针、磁铁粉等。

（2）霍尔效应型：霍尔效应型磁场指示器利用霍尔元件来测量磁场的强度和方向。霍尔元件通过感应电压的变化来反映磁场的特性，可以提供数字显示或模拟输出。

（3）磁光型：磁光型磁场指示器利用磁场对光学性质的影响来显示磁场信息。例如，通过磁光效应使特定材料在磁场中产生颜色变化或光强度变化，从而可视化磁场。

（4）磁阻型：磁阻型磁场指示器利用材料的磁阻随磁场变化而改变的特性。通过测量磁阻变化，可以确定磁场的强度和方向。

磁场指示器根据具体应用的需求和精度要求，有多种类型和形式可供选择。它们被广泛应用于磁场检测、磁力测量、磁场定位等领域，包括工业、科学研究和医学等。。

除了上述器材可以用于直观定量地评价磁化方向及磁化深度等之外，还可以用磁场测量仪（高斯仪或特斯拉仪）直接对被检工件的磁场强度及方向进行测量，进而直接评价磁化效果及间接地对缺陷显示效果进行评估。

四、其他器材

（一）磁悬液的磁粉浓度测试器

磁悬液中的磁粉浓度是磁粉检测中十分重要的检测工艺控制因素，对缺陷检测灵敏度有很大影响。磁悬液中的磁粉浓度是指每升磁悬液中所含的磁粉的质量，单位为g/L，主要用于配制磁悬液时，故称为配制浓度。或者，是指每100mL磁悬液所沉淀出的磁粉的体积，单位为mL/100mL，主要用于平时磁悬液的维护，也称为沉淀浓度。磁悬液的磁粉沉淀浓度应定期测试，如ASTM E-1444-01标准要求在磁粉检测工作中每8h进行一次沉淀浓度测试。

磁粉浓度应适宜，不宜过高或过低。如果浓度过低，则漏磁场吸附磁粉的量较小，磁痕显示不清晰，严重时会造成缺陷的漏检。如果浓度过高，则有可能在检测工件的表面残留较多磁粉，形成过度背景从而干扰缺陷显示，这在使用荧光磁粉时更为严重。但是，通常而言，由于配制磁悬液时一般严格按比例进行配制，因此浓度过高的情况较少出现。在实际的检测中，随着磁悬液的使用会造成磁粉的流失，往往出现问题的是磁悬液的磁粉浓度偏低。

（二）反差增强剂

当工件表面粗糙不平或磁粉颜色与工件表面颜色接近导致磁痕和工件的对比度较低时，将使缺陷检测困难从而容易造成漏检。为了提高磁痕和工件的对比度，在较难更换磁粉的条件下，可在检测前在待检工件表面涂覆一层对比度高的白色悬乳液，待其干燥后再进行磁粉检测。该白色悬乳液，即为反差增强剂。反差增强剂一般罐装市售，要求不高时也可采用市售的油漆作为反差增强剂来使用。

反差增强剂的施加方法：如果工件较大、检测面积较大，则可采用效率高的浸涂法；如果工件较小或大工件的局部检测，则可采用刷涂、喷涂等方法。待检测完毕，一般应将反差增强剂清除，可用工业丙酮、酒精或油漆的稀料以浸入方式清洗或棉纱擦洗。

第三节 磁粉检测工艺

磁粉检测由检测前的准备、工件的预处理、磁化工件、施加磁粉、磁痕的观察及记录、退磁及后处理等过程组成。

一、检测前的准备

（一）检测时机

磁粉检测应安排在所有可能产生缺陷的工艺过程以后，以免造成漏检。由于在锻造、热处理、电镀、磨削、矫正及机械加工时有可能产生缺陷，因此一般情况下应在上述材料加工工艺结束之后再实施磁粉检测。此外，焊接接头的磁粉检测，应安排在焊接工序完成并经外观检查合格后进行。对于容易产生延迟裂纹的焊接工艺过程，一般应在焊接结束24h之后实施磁粉检测。

但是，由于喷丸造成工件表面应力状态发生变化等而容易形成伪磁痕显示，此外在工件表面施加的保护层（如底漆、面漆或其他涂层以及非金属镀层）将降低磁粉检测的灵敏度，因此一般情况下应在上述材料表面处理工艺之前实施磁粉检测。

特殊情况，如检测极细小缺陷，则需要在使用过程中检测或在施加负载期间检测才有可能不至于造成漏检。另外，有些电镀工艺不仅需要电镀后的磁粉检测，而且需要电镀前的磁粉检测。

（二）磁粉检测工艺文件

在充分考虑所有磁粉检测的过程工艺后，应形成书面的磁粉检测工艺文件，用以指导具体的磁粉检测操作。

1.磁粉检测工艺规程

磁粉检测工艺规程应明确规定以下工艺因素的具体范围和要求，并在发生变化并超出规定时重新编制或修订工艺规程：

（1）磁场强度和方向：规定适用于待检测部件的磁场强度和方向。这包括确定最小和最大磁场强度范围，以及指定磁场方向是纵向、横向还是旋转等。

（2）磁粉选择：规定适用的磁粉类型、颜色、粒度和磁粉与液体的比例等。根据不同的应用需求和材料特性，选择合适的磁粉进行检测。

（3）磁粉涂覆方法：明确磁粉涂覆的方法和要求，包括喷涂、浸渍或其他方式。规定涂覆的均匀程度、涂覆时间和厚度等参数。

（4）磁化方法：规定适用的磁化方法，如交流磁化、直流磁化或全波磁化。制定适当的磁化参数，如电流值、震荡频率和磁化时间等。

（5）缺陷评估标准：规定针对不同类型的缺陷（如裂纹、孔洞等）所采用的评估标准和接受/拒绝标准。这包括确定最小可检测缺陷尺寸和判定缺陷的严重程度等。

（6）检测设备校准：规定对磁场源、磁粉喷涂设备、照明设备和其他关键设备进行校准的方法和频率。确保设备的性能和稳定性，以获得可靠的检测结果。

（7）操作人员培训要求：明确操作人员的资质要求和培训计划。包括磁粉检测原理、工艺流程、安全注意事项和数据记录等方面的培训内容。

（8）质量控制：规定质量控制措施，如质检频率、样品复查和控制图表等。确保磁粉检测过程中的一致性和准确性。

（10）文件记录和报告：要求记录关键参数、检测结果和操作细节，并生成符合要求的检测报告。确保检测结果的可追溯性和文件管理的完整性。

通过明确以上工艺因素的具体范围和要求，并及时修订工艺规程以适应变化，可以确保磁粉检测过程的一致性和可靠性，从而获得高质量的检测结果。

2.磁粉检测操作指导书

磁粉检测操作指导书应依据磁粉检测工艺规程来编制，在首次应用前应采用标准试片或试块进行工艺可行性验证，以便确认是否能够达到标准规定的要求。磁粉检测操作指导书一般应包括以下内容：

（1）编号和日期。

（2）工件的名称、编号及材料种类。

（3）用于磁粉检测系统性能校验的试件。

（4）检测部位和区域及其示意图、草图或照片。

（5）检测前的预处理要求。

（6）工件相对于磁化设备的设置方向。

（7）磁化设备的型号和磁化电流类型。

（8）检测方法（即连续法或剩磁法）及磁化方法（即触头法、线圈法、支杆法、磁轭法或电缆缠绕法等）。

（9）磁化方向、磁化顺序和磁化间的退磁程序。

（10）磁化规范，主要是磁化电流或安匝数及磁化时间。

（11）磁粉种类，施加磁粉的方法、设备及磁悬液的浓度。

（12）检测后的记录方式和标记方法。

（13）检测后工件的退磁和清洗要求。

（14）磁痕观察条件、评判的验收标准和工件评判后的处理措施。

（15）与制造过程相关的特殊磁粉检测工序。

（16）检测环境要求，主要是荧光磁粉检测时的暗室环境要求。

3.磁粉检测记录

在磁粉检测过程中，应对具体实施的检测工艺及其参数进行记录，以便依此出具检测报告。

（1）委托单位和检测单位。

（2）检测执行的工艺规程和操作指导书编号及版本。

（3）检测设备、器材的名称和型号。

（4）磁粉种类、磁悬液浓度和施加磁粉的方法。

（5）检测灵敏度校验、标准试片或标准试块。

（6）检测方法。

（7）环境条件。

（8）检测部位及其示意图。

（9）记录人员和复核人员签字及日期。

（10）委托单位和报告编号。

（11）磁化方法、磁化电流类型和磁化规范。

（12）相关显示记录及其位置示意图。

4.磁粉检测报告

磁粉检测报告应依据磁粉检测记录出具，一般应包括如下内容：

（1）检测技术要求：执行标准和合格级别。

（2）检测工艺参数。

（3）检测部位示意图。

（4）检测结果和质量等级。

（5）被检工件名称、编号、规格尺寸、材质和热处理状态、检测部位和检测比例、检测、时的表面状态及检测时机等。

（6）检测设备和器材：名称和规格型号。

（7）编制者签字及其资格级别，审核者签字及其资格级别。

（8）编制日期。

二、工件的预处理

为了避免漏检或对检测的干扰，对待检的工件有一定的要求，一般应从如下方面予以考虑并采取必要工艺措施，使待检工件满足磁粉检测的基本要求。

（一）退磁

如果工件有剩磁并有可能影响检测结果的可靠性，则应对工件做退磁处理。

（二）表面处理

表面状态对灵敏度有很大影响，如光滑表面有助于磁粉的迁移，而锈蚀或油污表面将妨碍磁粉迁移。表面应光洁、干净，原则上工件的表面不应存在可能影响磁粉正常分布、磁粉堆积的密集度、特性以及显示清晰度的杂质。具体而言，工件被检区表面及其相邻至少25mm范围内应干燥，并不得存在油污、油脂、污垢、铁锈、氧化皮、涂层、纤维屑、金属屑、机械加工痕迹、焊剂及焊接飞溅等影响检测效果的污染物及表面不良。如果采用水悬液，则表面不能有油污；如果采用油悬液，则表面应干燥。表面的油污或油脂，一般应该用化学溶剂等去除，尽量不使用硬的金属刷清除。表面的不规则状态，如焊缝的焊波、机械加工毛刺等，不得影响检测结果的正确性和完整性，否则可用磨、铲等机械处理方法做适当修整，修整后的被检工件的表面粗糙度Ra应不大于25μm。

磁粉检测应在施加涂层之前进行，这是一条基本原则。如果可能，应去掉工件表面的涂层或镀层后再进行磁粉检测。被检工件表面有非磁性涂层时，如果能保证涂层厚度不超过0.05mm且经标准试片验证不影响磁痕显示，则可在不清除涂层的条件下进行磁粉检测。对于直接通电磁化的，为了提高导电性能和防止很高的磁化电流导致起弧烧伤工件表面，应将工件和电极接触处清理干净以便实现良好的电接触，必要时应在电极上安装接触垫。对于工件有非金属表面层而影响对工件直接通电磁化的，应至少对磁极接触工件处的非金属表面层予以清除。

对于工件和磁痕对比度差的或者表面粗糙度值较大的工件，为了便于观察磁痕，在采用非荧光磁粉时可在被检工件表面喷涂或刷上一层白色的、厚度为25~45μm的反差增强剂，在此基底上再喷洒黑色的磁粉即可得到清晰的缺陷磁痕。检测后，可用工业丙酮或其混合液擦除反差增强剂。但应注意，使用反差增强剂时，必须经标准试片验证后施行。

（三）孔洞封堵

应根据标准或技术文件的规定，对被检工件具有表面盲孔和空腔与表面连通的，应进行必要的封堵或遮盖。

（四）部件分拆

如果是装配件，一般应分拆后再进行磁粉检测。相对于装配件而言，单个零件的形状和结构简单，进行磁化和退磁操作比较容易，零件的各个面均易于观察。而且，由于装配件可能存在的导电不良问题，在直接通电磁化时有可能影响到磁化效果，从而影响磁粉检测结果的准确性。装配件的交界处也有可能形成伪磁痕，干扰磁粉检测。另外，如果装配件中存在运动部件，磁粉有可能进入运动副中造成检测后使用过程中的磨损。

三、磁化方法及规范

（一）磁化方法

磁化方法有很多种，按照在工件中建立磁场的方向不同，可分为周向磁化法、纵向磁化法和复合磁化法；按照采用磁化电流类型的不同，可分为稳恒直流磁化法、脉动直流磁化法、脉冲电流磁化法和交流电流磁化法；按照工件中是否有磁化电流，可分为有磁化电流的直接磁化法和无磁化电流的间接磁化法；按照所采用的磁化器材，可分为磁铁法、心棒法、电磁轭法和线圈法等。下面，以工程上最常用的、也是与缺陷方向紧密相关的按磁场方向的分类予以介绍和分析。

1. 周向磁化

周向磁化是指对于有圆形面或近似圆形面的工件，建立与圆周线同心或近似同心并垂直或近似垂直于工件轴线的周向闭合磁场来磁化工件的方法。周向磁化可以检测出与工件轴线或母线夹角小于45°尤其是平行的线性缺陷。周向磁化方法主要有中心导体法、偏心导体法、轴向通电法及触头通电法等。中心导体法和偏心导体法（即心棒通电法）主要用于管件等的空心工件；轴向通电法主要用于轴、杆类工件；触头通电法，一般仅对工件的局部通电，即进行局部磁化，主要用于板材、焊缝和大型铸钢件等。

2. 纵向磁化

纵向磁化是指在相比于截面积而言长度数值较大的工件中，建立与轴线平行或近似平行并垂直或近似垂直于工件横截面的纵向闭合磁场来磁化工件的方法。纵向磁化可以检测出与工件轴线或母线夹角大于或等于45°尤其是垂直的线性缺陷。纵向磁化方法主要有线圈法和磁轭法。

3. 复合磁化

复合磁化就是将多种单一的磁化方式相结合来建立复杂磁场的磁化方法，通常而言就是指实时建立多方向磁场的磁化方法，故有时称为多方向磁化。实际上，多方向磁化是复合磁化的一个特例。复合磁化可以用两个或多个不同方向的磁场依次快速地使工件磁化，达到同时发现工件中不同方向缺陷的目的。通常采用旋转电场通电方式的旋转磁场来实现实时多方向磁化。

复合磁化一般包括交叉磁轭法和交叉线圈法，通常采用交叉磁轭法。交叉磁轭法是在同一平面或曲面上，由具有一定相位差且相互交叉成一定角度的两相正弦交变磁场相互叠加在该平面或曲面上来产生旋转磁场。

4.磁化方法的选择

在某一具体的工况下，选择一个适宜的磁化方法是十分关键的，决定着磁粉检测的效果。主要应从如下方面来分析和选择。

（1）缺陷的特点

磁化方法的选择，首先要考虑缺陷的特点。为了说明方便，下面以管材类工件为例进行分析。首先，要考虑缺陷的走向。根据磁力线与缺陷长径正交原则，如果欲检测出轴向缺陷则应选择周向磁化方法，如果欲检测出周向缺陷则应选择纵向磁化方法。由于复合磁化方法的检测效果不如单一磁化方法，因此一般仅是为了提高检测效率而采用。其次，要考虑缺陷所在的表面。如果缺陷是在管材的外表面，则可采用直接通电法或心棒法；如果缺陷是在管材的内表面，则只能采用心棒法。最后，要考虑缺陷的深度。虽然磁粉检测只能检测表面和近表面缺陷，但如果采用交流磁化方法则只能检测表面开口或极近表面处的缺陷；如果欲使检测深度较大则应采用直流磁化方法。

（2）工件的结构形式

很显然，只有有孔工件才可考虑采用心棒法。如果是封闭结构则可采用局部直接通电法来建立周向磁场或采用软性线圈法来建立纵向磁场。通常，只有管材、棒材才考虑采用整体通电磁化方法或是采用线圈磁化方法。板材通常采用局部通电磁化法及平行导体磁化法等。

（3）工件的尺寸

如果工件尺寸较大，通常不可能采用整体直接通电法进行磁化，只能采用局部通电等磁化方法。例如，极长杆件通常采用线圈局部磁化或用电夹头局部通电磁化；再如，大的钢板采用电极触头局部通电磁化来逐步完成整张板的磁粉检测等。

（4）其他

此外，检测环境、表面状态及磁化方法的特点等也会对磁化方法的选择产生影响。例如，野外检测宜选用永久磁铁磁轭，工件表面质量要求极高时不采用直接通电法以免烧伤表面等。还需要注意的是，在选定了磁化方法的同时，为了使得缺陷长轴与磁力线尽量垂直以便产生最大的漏磁，通常可能需要用同样的方法或多种方法对工件磁化两次或更多次，以便磁力线能产生在合适的方向上从而得到有效的检测。

（二）电流种类的磁化特点

磁化电流种类主要包括交流电、脉动直流电和稳恒直流电。此外，在一些特殊的磁粉检测场合，采用电容储能放电等的脉冲电流波形，可以获得大而短时的磁化电流，主要用于剩磁法磁粉检测中。

1.交流电的磁化特点

采用交流电对工件进行磁化的优点是：对表面缺陷检测灵敏度高；容易退磁；电源易得，设备结构简单；能够实现感应电流法磁化；能够实现多向磁化；磁化变截面工件时磁场分布较均匀；利于磁粉迁移；可用于评价直流电磁化时发现的磁痕；适用于在役工件的检测；交流电磁化时工序间可以不退磁。其局限性是：剩磁法检测受交流电断电相位影响；由于趋肤效应，检测深度小。

2.脉动直流电的磁化特点

磁粉检测中的脉动直流电，主要是采用对市电的单相交流电进行半波整流来得到50Hz的脉动直流电，用其磁化工件的特点是：首先，脉动直流电具有交流电的脉动特性，对磁粉有振动作用从而增强其流动性，提高了缺陷吸引磁粉聚集并显示缺陷的能力。磁粉的流动性，在干粉检测时尤其关键。由于电磁轭往往和干粉配合进行检测，因此单相半波整流输出波形最常用于电磁轭的磁化电源中。其次，脉动直流电具有直流电特点，其磁化深度较交流电大但不如稳恒直流电，近表面缺陷的漏磁场强度较大，能提供较高的灵敏度和对比度，利于检测。最后，剩磁稳定。一方面有利于采用剩磁法检测，另一方面退磁较困难。

3.稳恒直流电的磁化特点

稳恒直流电通常是采用单相全波整流或三相全波整流并充分地电容滤波后得到。用稳恒直流电磁化工件的优点是：检测深度大；剩磁稳定，利于采用剩磁法进行检测；适用于检测焊接件、带镀层工件、铸钢件和球墨铸铁件等的近表面缺陷；设备的输入功率小。其局限性是：退磁困难；退磁场大；变截面工件磁化不均匀；由于没有脉动性，因此对磁粉的驱动性不足，故不适合于干粉法检测；周向磁化和纵向磁化的工序间一般要进行退磁操作。

4.选择磁化电流种类的依据

可依据如下条件进行选择：

（1）用交流电磁化的湿法检测，对工件表面微小缺陷检测灵敏度高。

（2）稳恒直流电的检测深度最大，脉动直流电的其次，交流电的最小。

（3）交流电用于剩磁法检测时，必须有断电相位控制装置。

（4）单相半波整流电磁化的干法检测，对工件近表面缺陷检测灵敏度高。

（5）交流电磁化时，连续法检测主要与电流有效值有关，剩磁法检测与峰值电流有关。

（6）整流直流电中包含的交流分量越大，检测近表面较深缺陷的能力越小。

（7）三相全波整流电可检测工件近表面较深的缺陷，但不适用干法检测。

（8）电容储能放电等冲击电流只能用于剩磁法检测和专用设备。

（三）磁化规范

磁化规范是指磁化工件时确定磁场强度值所遵循的规则，具体而言就是磁化工件时要根据工件的材料种类，热处理状态，形状、尺寸及表面状态，缺陷可能的种类、位置、走向、形状、尺寸及检查方法等确定磁化工艺及其参数。例如，采用剩磁法时，磁化电流一般应高于连续法等。从工程应用角度来看，磁化规范主要是确定合适的励磁磁场强度。如果励磁磁场强度过大，则非相关显示及伪显示明显并造成过度背景，从而影响相关显示。如果励磁磁场强度过小，则缺陷磁痕不清晰或过小，难以检出缺陷。磁粉检测应使用满足检测灵敏度要求的最小的励磁磁场强度。

四、施加磁粉

依据所采用的磁粉的不同，磁粉检测分为干粉法和湿粉法；依据在工件上施加磁粉的时机不同，磁粉检测分为连续法和剩磁法。

（一）干粉法磁粉检测

干粉法磁粉检测也称为干法，通常用于交流和半波整流脉动直流的磁轭进行连续法检测。干粉法磁粉检测时，干磁粉用喷粉器呈雾状喷洒或用手撒在工件的被检表面上。必要时，用气囊等器具使堆集的磁粉分散均匀或除去过量的磁粉并轻轻地振动工件，形成薄而均匀的磁粉覆盖层。用压缩空气吹去局部堆积的多余磁粉时，应控制好风压、风量及风口距离。相比于湿粉法，干粉法对于近表面缺陷的检测灵敏度较高，但是对表面开口的细小缺陷的检测灵敏度较低。干粉法与便携式探伤机配合，适宜于野外检测或大面积工件的检测，如表面粗糙的大型铸件、锻件、焊件或毛坯的局部检测和灵敏度要求不高的工件。干粉法检测时，磁粉一般不予回收。应确认检测面和磁粉充分干燥后再施加磁粉。

（二）湿粉法磁粉检测

湿粉法磁粉检测时，磁悬液应采用软管喷或浇于工件被检的局部表面，或采用浸泡并取出的方法使整个工件表面完全覆盖磁悬液，不宜采用刷涂法。剩磁法检测时，磁化电流保持0.2~0. 5s 后切断，并尽快施加磁悬液。喷淋磁悬液时液流冲击力要微弱以免冲刷掉磁痕，仅适用于剩磁法磁粉检测的浸泡方法，则应控制好浸泡时间。湿粉法特别适于检出延伸至表面的极细小缺陷，如疲劳裂纹和磨削裂纹等。相比于干粉法，湿粉法可以更容易并更快速地将磁粉施加于不规则的工件表面上，尤其适合于固定式设备检测大批量的中小尺寸的工件。湿粉法比干粉法的检测灵敏度高，这是因为磁悬液中的磁粉的移动性更好并且可以使用更细小的磁粉的缘故。另外，湿粉法的检测效率也往往比干粉法高，尤其是对工件大面积喷洒时，并且磁粉的均匀性优于干粉法。正因为湿粉法检测灵敏度较高，因此非常适用于承压设备焊缝以及核电、航空航天工件等要求检测灵敏度高的领域。在仰视位或水下磁粉检测时，宜选用磁膏作为磁痕形成材料。湿粉法磁粉检测尤其是配合固定式检测设备时，往往回收磁悬液以便反复使用。

选择干粉法还是湿粉法，应该考虑其流动性。湿粉法磁粉检测中，利用载液的流动带动磁粉向漏磁场处流动。干粉法磁粉检测中，主要是利用气囊等提供的压缩空气的气流带动磁粉向漏磁场处流动。上述正是干粉法检测灵敏度往往低于湿粉法的根本原因。由于干粉法磁粉检测时磁粉流动性较差，因此往往需要辅以交流磁化，即利用交流电的电流方向的交替改变使得磁场方向不断改变来扰动磁粉，或利用脉动直流电的脉动磁场来扰动磁粉，促进磁粉的流动。因为上述原因，稳恒直流电一般不用于干粉法磁粉检测中。

（三）连续法磁粉检测

连续法磁粉检测是指在励磁磁场作用的同时，将干磁粉或磁悬液施加在工件表面上的检测方法，是通常优先选用的磁粉检测方法，主要用于大型工件。相比于剩磁法磁粉检测，其具有检测灵敏度高，可以施行复合磁化，既可以湿粉法检测也可以干粉法检测等优点，但是也存在着检测效率较低、易产生非相关显示等局限性。

（四）剩磁法磁粉检测

剩磁法磁粉检测是指在切断磁化电流或移去永磁体之后，将磁悬液施加在工件表面上的检测方法。剩磁法是可行的，这是因为从铁磁性材料的磁滞回线可知，没有励磁磁场作用下，铁磁性材料仍保留有一定的磁感应强度，所以如果存在表面缺陷则势必产生漏磁现象。主要用于矫顽力不小于1kA/m且磁化后其保持的剩磁场强度不小于0.8T的材料的大批量的小型工件。应注意的是，当采用交流磁化时，应采用断电相位控制器，以便保证断电时剩磁的稳定性，否则有可能因剩磁的不稳定而产生漏检。相比于连续法磁粉检测，其具有检测效率较高、易于实现自动化以及可以评价连续法检测出的磁痕属于表面还是近表面缺陷显示等优点，但是也存在着只适用于剩磁和矫顽力达到要求的材料、不能实施复合磁化、检测灵敏度较低及不能干粉法检测等局限性。

五、磁痕的观察及记录

磁痕就是磁粉在被检工件表面上聚集而形成的图像。磁痕宽度一般为缺陷宽度的数倍且长度稍长，即磁痕对缺陷宽度有放大效果，所以磁粉检测可检测出目视不可见的缺陷，具有极高的灵敏度。

（一）磁痕观察

磁痕观察应在磁痕形成后立即进行，用人眼或2~10倍的放大镜进行观察。非荧光磁粉的磁痕观察，应在可见光下进行。被检工件表面的可见光照度应不小于1000lx，野外或现场检测时，可见光照度应不小于500lx，并应避免强光和阴影。荧光磁粉的磁痕观察，应在暗黑区并用黑光灯发出的黑光下进行。被检工件表面的黑光辐照度应不小于1000pW/cm²，同时暗黑区或暗处的可见光照度应不大于20lx。为了黑暗适应，即视觉调整到照明减弱的环境中也可见，检测人员进入暗黑区至少5min后再进行荧光磁粉检测。观察时不应佩戴对检测结果评判有影响的眼镜或滤光镜（如墨镜或光敏镜片的眼镜），但可以佩戴防护紫外线的眼镜。如果光源太大以至于难以直接照亮检测区时，可使用笔式黑光光源、黑光光导管或内窥镜等特殊的照明手段，并且观察磁痕时应达到标准要求的分辨率。

（二）磁痕记录

磁痕是需要保存并做永久性记录的，以便于分析缺陷。记录手段有文字描述、磁痕草图、照相、录像、用透明胶带贴印、磁带、各种涂层剥离方法或电子扫描。通常采用上述手段中的一种或几种方式进行记录。也有橡胶铸型法及磁橡胶法等特殊的磁痕记录方法。

1.橡胶铸型法

橡胶铸型法（Magnetic Testing Rubber Casting， MT-RC）是将磁粉检测方法与橡胶铸型方法结合使用的一种方法，主要用于检测经过疲劳试验或在役飞机的铁磁性材料零件或组件小孔内的疲劳裂纹。其基本原理是首先将孔洞中的缺陷用磁粉检测方法形成磁痕，然后将室温硫化硅橡胶液加入固化剂后灌入孔洞中，待其固化即可将磁痕“镶嵌”在固化形成的橡胶铸型表面。将橡胶铸型从孔洞中取出后，对橡胶铸型进行肉眼、放大镜或光学显微镜观察并进行磁痕分析，从而获得缺陷显示的信息，如形状、尺寸、位置及走向等。

橡胶铸型法仅适用于剩磁法磁粉检测，一般可检测孔径不小于3mm的内壁或由于位置原因等难以观察到的部位的缺陷。

2.磁橡胶法

磁橡胶法是将磁粉均匀分散于室温硫化硅橡胶液中并加入固化剂，将其倒入经过适当围堵封闭的被检部位。然后磁化工件，此时在磁场力作用下，磁粉在橡胶液内向缺陷漏磁场处迁移和聚集。待其检测完毕取出固化的橡胶铸型，即可对橡胶铸型进行肉眼、放大镜或光学显微镜观察并进行磁痕分析，从而获得缺陷显示的信息，如形状、尺寸、位置及走向等。

磁橡胶法适用于连续法磁粉检测，也可用于水下磁粉检测。

六、退磁及后处理工艺

（一）退磁工艺

虽然工件中存在剩磁，但如果不影响进一步加工和使用则可以不退磁。如下情况可以考虑不进行退磁处理：磁粉检测后需要对工件进行超过居里温度的热处理；低剩磁、高磁导率材料的工件；有剩磁也不影响使用的工件；后续需要处于强磁场环境的工件。在下列情况下应对磁粉检测的工件进行退磁操作：产品技术条件有规定或委托方有要求；当检测需要多次磁化时，上一次磁化将给下一次磁化带来不良影响；剩磁将对后续的机械加工带来不良影响；剩磁将对工件附近的测试或计量装置产生不良影响；剩磁对后续的工件焊接产生不良影响。虽然从退磁原理上看存在着加热法退磁和外加退磁磁场退磁这两种，但在实际工程中很少使用加热法退磁，所以下面仅就外加退磁磁场退磁方法的工艺予以介绍。外加退磁磁场退磁方法依据采用的电流种类可分为交流退磁和直流退磁。

1.交流退磁

磁粉检测时交流磁化的工件宜用交流退磁方法，主要是采用将工件逐步退出退磁线圈的退出法和使退磁磁场强度逐步衰减的衰减法。

（1）退出法

工件逐步退出退磁线圈的具体工艺是，将被检工件从一个通有交流电的线圈中沿轴向缓慢退出至距离线圈1m以外，然后断电。如有需要，应重复上述过程。通常是将工件安放在拖动小车并在轨道上拖动来退出，退出速度的确定与工件的材料、形状、大小、剩磁以及退磁线圈的电流大小等相关。采用退出法退磁时，工件应与线圈轴线平行并尽量靠近线圈内壁放置。对于长径比 L/D<2 的工件应通过在工件两端连接与工件材料磁性相同或相近的磁极加长块后再进行退磁操作。小工件不应以捆扎或堆叠方式退磁。也不能将小工件摆放在铁磁性材料的筐或盘中进行退磁操作。环形或形状复杂工件应旋转着通过线圈，以便保证工件各部位均匀退磁。

（2）衰减法

其具体工艺是将工件放入退磁线圈中，然后将线圈中的电流逐渐减小至 0，或者用电夹头或电触头直接将交流电通入工件并逐渐将电流减小至0。电流减小的梯度和速度对退磁效果有一定的影响，应在退磁工艺中予以确定。也有采用磁轭进行衰减退磁方法，即给磁轭励磁后将磁轭缓慢移开，直至工件表面完全脱离开磁轭磁场的有效范围。磁轭法通常用于焊缝的退磁，即将电磁轭的两极横跨焊缝放置，接通交流电源后沿焊缝缓慢移动电磁轭直至离开焊缝 1m 以上后断电。

2.直流退磁

磁粉检测时直流磁化的工件宜用直流退磁方法。与交流退磁衰减法的原理近似，即不断改变直流电输入到工件中的方向，并且每次换向时逐步降低电流直至为0。此外，除了工件方面的因素之外，退磁效果也与换向频率、通电时间及通电时间与断电时间的比例等有关。实际上，超低频电流自动退磁方法是该方法的一个特例。

上述方法主要用于中小型工件的退磁。对于大型工件（如重型、大长度、大面积等工件）或固定工件，可使用如下工艺进行退磁：移动式交流电磁轭或移动式电磁线圈进行局部分区退磁；可以采用退磁线圈逐步退出工件的方法；采用柔性线圈（即缠绕电缆形成线圈后）分段退磁；采用工件不用移动的衰减法；特别地，对于大面积的平板型工件，可以采用专用的扁平线圈退磁器。扁平线圈退磁器内装有扁平的U形铁心，在铁心两极上串绕线圈并通以低电压大电流的交流电。退磁操作时像熨斗一样在工件表面移动，最后远离工件1m以上后断电。

3.退磁工艺注意事项

（1）分段分区退磁工艺的退磁效果不如整体退磁。

（2）退磁磁场强度应大于或等于磁化时的最大励磁磁场强度。

（3）周向磁化的工件，应在对工件纵向磁化后退磁，以便测量退磁后的剩磁大小。

（4）交流电磁化的宜用交流电退磁，直流电磁化的宜用直流电退磁。

（5）直流退磁后如果再用交流退磁一次，则退磁效果更佳。

（6）与大地磁场方向垂直则可有效退磁，因此退磁机及工件应尽量东西方向放置。

（7）退磁后的工件不应放置在电磁场或永磁场附近，以免再次磁化。

（8）退磁后工件中的剩余磁感应强度应满足规定的要求，如特种设备行业磁粉检测标准要求应不大于0.3mT或240A/m。

（二）后处理工艺

退磁后应彻底清理被检工件表面残留的磁粉，必要时进行专门的清洗操作。油性磁悬液可用汽油等溶剂清除，水性磁悬液可用水清洗后干燥，必要时可以在被检表面涂覆防护油，干粉可以用压缩空气清除。使用水性磁悬液时，有时需要做脱水防锈处理，如果使用了反差增强剂则应予以去除，应该注意彻底清除孔和空腔内残存的磁粉。

第六章　涡流检测

通过电磁感应原理在导电体中产生旋涡状电流，并利用旋涡状电流的大小及分布与导电体的材料性能相关关系来检测出导电体的物理性能、工件特性及工艺缺陷的检测方法，称为涡流检测。涡流检测是五种常规无损检测方法之一。特别地，专为得到工件表面损伤信息的涡流检测称为涡流探伤，是三种工件表面和近表面缺陷常规探伤方法之一。

涡流检测的基本原理是，当通以高频交流电从而产生高频交变磁场的检测线圈接近导电体的表面时，因电磁感应效应而在该导电体的表面和近表面的闭合回路中感应出电流，平板导电体中的该感应电流的流动轨迹是与线圈同心的多个近似圆形，即电流呈旋涡状分布，故简称为涡流，但涡流泛指高频交变磁场在各种形状导电体中的感应电流而非专指平板导电体中的感应电流。该交变的感生涡流的幅度、相位及分布与导电体的材料因素及工艺因素相关。同时，此交变的感生涡流产生的感应磁场将反作用于线圈的激励磁场，即检测线圈的磁场是线圈电流建立的激励磁场和涡流建立的感应磁场的合成磁场，该合成磁场包含着上述因素的影响并使得检测线圈的电压和阻抗发生变化。因此，可以通过工件的材料因素及工艺因素与检测线圈电压或阻抗变化的相关关系，检测出导电体的磁导率、电导率、材料的硬度、热处理状态及工艺缺陷等。由涡流检测的基本原理可以看出，涡流检测的实质是对由导电体各种材料因素及工艺因素所引起的工件表面及近表面导电状态变化的综合结果的检测，并通过电路及信号处理，从而建立起某单一或几个影响因素与导电状态之间的逻辑关系，使得通过导电状态的变化来对某一个或某些影响因素进行当量判定。

涡流检测发展至今，随着信息电子技术的飞速发展，涡流设备和检测线圈形式多样，涡流显微镜和电导率测试仪等配备电池供电十分便携，涡流检测仪从模拟到数字再发展到智能型检测仪。基于计算机的检测系统可在实验室方便地处理数据，信号处理软件可消除背景信号从而降低噪声，阻抗分析技术对测量结果的定量性能得到改进，也可进行多维扫描并成像。此外，涡流检测数据可以采用自动扫描系统以便改进检测性能和建立扫描区域的图像。最通用的为线扫描，其以一个恒定速度在导轨上自动扫描，常用于管线检测和飞机发动机叶片槽的检测。二维系统用于检测二维区域，可以采用二维光栅方式进行平面扫描或螺纹孔检测时的转动检测，一般将信号强度或移相角以伪着色的形式来表现，显示更加直观。自动涡流检测系统的优点是降低因检测线圈晃动、不平表面及管材偏心等所造成的影响，而且重复性好、分辨率高。

目前得到工业应用的几种先进的涡流检测技术如下：

（1）光感图像技术是以标准尺寸的高分辨率的涡流检测线圈作用于检测表面，并用氩离子激光器对检测区成像。该技术已成功应用于检测金属构件的裂纹、焊缝、扩散焊及钢中的局部应力变化。

（2）脉冲涡流检测技术是采用矩形波电压来激励线圈，其优点在于包含有多种频率成分，因此可以一次测得几种不同频率下的电磁作用效果，在这一点上与多频涡流检测技术相似。而且，由于感应深度与频率密切相关，也可以一次得到多个深度的信息。该技术可检测飞机的双层铝结构中的腐蚀和裂纹。具有一个频谱带的电信号，相应地可以得到整个构件厚度范围内的信息。而且具有“富低频”的特点，大大增加了检测厚度。

（3）远场涡流检测技术的内置式线圈有一个激励线圈和一个或两个检测线圈，激励线圈与检测线圈的距离一般为钢管内径的2~3倍。将该内置式线圈置于欲检测的管件内，激励线圈通以20～200Hz的低频交流电，其发出的磁力线从管内穿过管壁向外扩散，在远场区又再次穿过管壁向管内扩散同时产生涡流，涡流产生的磁场被检测线圈耦合接收。检测线圈接收到的信号的幅度和相位与壁厚、内外壁缺陷及管壁腐蚀情况等相关，分析相关信号特点可得到管件的材料性能或缺陷信息。远场涡流检测技术特别适合于管道尤其是铁磁性管道的检测，广泛应用于长距离管线、核反应堆压力管道、城市煤气管道以及油井套管、海洋管道的检测等，是管道在役检测的主要技术。

涡流检测应用领域比较广泛，主要应用于航空航天、核工业、电力、特种设备、机械、冶金及化工装备等工业领域。理论上来讲，凡是影响涡流大小及分布的因素，均可通过涡流检测方法来检测。实际上，除了检测仪器方面（如检测线圈）的影响因素之外，影响涡流的检测对象和检测工艺两大方面的最主要的影响因素有：①工件的电导率；②工件的磁导率；③工件的形状与尺寸；④检测间隙。检测间隙是指检测线圈与工件表面之间的距离。在实际应用中，涡流检测主要用于探伤、材质检测及尺寸检查这三大方面。涡流受到工件缺陷（如裂纹、折叠及气孔等）非导电体的影响，因而可以探伤；涡流也受到材料磁导率和电导率的影响，因而可以通过对材料电导率或磁导率的检测，进而对影响电导率或磁导率的材料因素（如材料种类、晶粒度、硬度、热损伤和材料热处理状况等）进行检测；涡流还受到工件形状和尺寸的影响，因而可以对工件几何特征和尺寸进行检测。

探伤方面，由于涡流具有趋肤效应，因此涡流检测只能用于检测金属工件表面和近表面的缺陷。某些产品由于工作条件比较特殊，如在高温、高压、高速状态下工作，在使用过程中往往容易产生疲劳裂纹和腐蚀裂纹。对这些缺陷，虽然采用磁粉检测、渗透检测等都很有效，但由于涡流法不仅对这些缺陷比较敏感，而且可以在涂有油漆和环氧树脂等覆盖层的部件上以及盲孔区和螺纹槽底进行检测，还可检测金属蒙皮下结构件的裂纹，因而受到重视。对于金属近表面缺陷，随着缺陷深度的增大，感应磁场强度最大值出现的时间就会增加。但是对于表面缺陷，不同深度缺陷的感应磁场强度最大值出现的时间几乎相同。因此可以对表面下深层缺陷进行定量检测。在实际应用中，可根据不同深度人工缺陷的响应数据绘制出深度与感应磁场强度最大值出现时间的对应曲线，实际检测中测出缺陷响应信号最大值出现的时间后，对应到参考曲线上就可以确定缺陷的深度。

材质检测方面，电导率和磁导率是影响线圈阻抗的重要因素，因此可以通过对不同工件电导率或磁导率变化的测定来评价某些工件的材质。对非磁性金属材料的材质实验一般用几千赫兹频率进行检测，并通过电导率的测定来进行。测试时不需将工件再加工，只需工件表面有较小的平面以便放置检测线圈即可，检测简单易行，适合对金属工件的某些性质进行快速无损检测。通过对电导率的测定，可以实现对金属成分及杂质含量的鉴别、对金属热处理状态和硬度的鉴别以及对各种金属工件的混料的分选。对铁磁性材料的材质实验一般是通过磁特性的测定来进行，由于电导率和磁导率共同起作用，往往更复杂一些。一般是采用100Hz以下的频率，特别小的工件有时用几千赫兹频率进行检测。可分为强磁化方法和弱磁化方法。强磁化方法是利用磁性材料磁滞回线中的某些量作为检测变量，由于这些量（如饱和磁感应强度B、剩余磁感应强度B，和矫顽力H。等）都是工件材质的敏感量，其与工件的组织成分、热处理状态和力学性能等之间存在对应关系。因此，只要检测出磁滞回线中上述变量的数值，就可以根据其对应关系来推断材质的热处理状态和分选混料等。弱磁化方法是利用初始磁导率作为检测变量，可以直接利用某些涡流探伤仪来进行材质分选。金属表面发生锈蚀时，锈蚀产物主要是金属氧化物，具有与基体金属不同的物理性能，尤其是电导率、磁导率之间的差异会影响涡流检测线圈的电阻和电感，从而使采用涡流法检测金属表面的锈蚀成为可能。有时也可用于非金属类，但是多用于自动检测出非金属中的金属杂质，如小麦粉中的金属片、药品中是否混入了金属粉以及润滑油中的金属粉的量等。

尺寸检查方面，工件形状特性方面的检测本质上是尺寸检查，实际应用中主要是厚度测量方面。由于涡流受到工件表面各种涂层、膜及检测线圈和工件表面之间距离的影响，因而可以对金属工件上的非金属涂层厚度、铁磁性材料工件上的非铁磁性涂层或镀层厚度以及极薄工件的厚度进行测量。主要用于剥下的金属膜、以非金属为基体的金属膜或以异种金属为基体的金属膜，可检测的膜厚范围为几个微米到2000μm，采用100kHz到几兆赫兹的检测频率。一般而言，强导磁体上的膜厚测定比较困难。

单独的非金属膜或是非金属基体上的非金属膜不能测定，只能用于以金属为基体的非金属膜厚的检测。其应用主要有两个方面：金属基体上膜厚度的测量和金属薄板厚度的测量。由于非磁性金属大多为电导率较高的有色金属，所以测量其表面绝缘层厚度的实质是测量检测线圈到基体金属表面的距离。为了抑制基体金属电导率变化对测量结果的影响，一般都选用较高的检测频率。此时基体电导率对电感分量的影响可以忽略，而对电阻分量的影响仍较为显著。又由于电感分量主要受距离变化的影响，电阻分量主要受电导率变化的影响，因此只要从电路上将检测线圈阻抗变化信号的电感量取出，再进行调零和校正，就可测量出绝缘层厚度的变化。当磁性金属表面覆盖有非磁性金属或绝缘层（如工件上的镀铬层或油漆层）时，同样可以利用电磁感应方法来测量其厚度。即当线圈中通过激励电流时，检测线圈和磁性基体之间建立了磁通路，由于线圈和磁性基体之间间隙的变化（即非磁性膜层或绝缘层厚度的影响）将改变磁路的磁阻，并引起磁路中磁通量的变化，因此只要通过检测线圈上感应电压的测量，即可得出感应电压与间隙（即膜厚）的定量关系曲线。与上述原理相同，可以检测金属基体表面的腐蚀层厚度。

涡流法测量金属薄板厚度时，检测线圈既可以采用反射法也可以采用透射法。反射法是检测线圈与接收线圈在被测工件的同一侧，所接收的信号是阻抗幅度变化信号，材料厚度的变化与接收线圈阻抗的变化呈非线性关系。因此要求在测量仪器内部实现非线性校正，会产生较大的测量误差。透射法是根据检测线圈所产生的涡流场分布情况，即在不同深度下涡流相位滞后程度随深度增加而增大原理，通过接收信号与激励信号之间的相位差直接得到被测材料厚度值，无须进行非线性校正。在工业应用中，可以检测如管及薄钢板这样的薄壁材料的厚度。

在工业无损检测中，涡流检测一般用于磁粉检测和渗透检测难以检测的情况。与同为材料表面和近表面缺陷检测方法的磁粉检测和渗透检测相比较，涡流检测的主要优点是：

1）与工件非接触即可检测而且许多金属导电材料在高温下仍具有一定的导电性能，加之检测线圈材料不似超声检测的压电材料受居里温度的影响，因此适用于工件高温状态下的检测，而且超过居里温度的铁磁性材料因没有铁磁性故涡流检测变得更加简单。

2）没有检测耗材施加于工件，成本最低而且不污染工件。

3）检测线圈体积小、电子信号强，可对工件进行其他检测方法难以实现的狭小部位以及远处部位的检测。

4）影响感生涡流的材料因素和工艺因素较多，检测内涵极其丰富。

5）对微细裂纹和其他缺陷检测灵敏度较高。6）可检测厚大工件表面和近表面缺陷。

7）非接触检测而且即测即得，因此检测速度可以非常快。

8）属于电测技术，可方便地实现检测结果的数字化存储和处理。

9）易于实现自动化检测。

10）仪器体积小、重量轻，非常便携。

11）不仅可以探伤还可以测量。

12）最小的工件表面质量要求。

13）由于线圈可以绕制成各种形状的检测线圈，因此便于检测复杂形状和尺寸的工件。常规涡流检测的局限性是：

1）只能检测导电性材料。

2）由于检测线圈发出的电磁波信号易于衰减，为了提高磁耦合系数，也即在工件表面和近表面产生足够强度的涡流，以便保证检测灵敏度，检测线圈必须能够接近检测表面。3）凡是能影响感生涡流流动和分布的材料因素和工艺因素，均对涡流检测有不同程度的影响，检测得到的是“综合结果”，因此检测技术较复杂甚至有时难以判定，也对从检测线圈和工件两方面的因素综合作用下的检测结果电信号中提取出单一或某几个因素影响的信号处理技术提出了非常高的要求。

4）常规技术检测的结果不直观，而且是多位置的综合结果，如穿过式检测线圈输出的信号是对整个棒材或管材环状区域检测的综合，因此比较难以确定缺陷的位置、尺寸、形状和性质等。虽然旋转式检测线圈可以确定缺陷位置，但检测效率较低。

5）对检测人员的理论水平、技术水平及检测经验要求较高。

6）表面粗糙度对检测有影响。

7）依靠当量比较方法检测，因此必须建立参考标准。

8）为保证涡流检测的灵敏度，激励电流频率必须较高，而较高激励电流频率因趋肤效应导致涡流渗入深度受限，因此涡流检测仅适用于厚大工件的表面和极近表面，以及薄、细材料，如金属箔、丝等。

9）层叠且与检测线圈平行则无法检测。

10）可靠性和重复性差。

涡流检测一般由工件准备、设备调整、扫描、信号分析及检测结果评价等过程组成，本章的总体结构以及各节的内容也将依此组织并进行分析和介绍。

第一节　涡流检测的物理基础

涡流检测是利用给检测线圈通以高频交流电使其产生交变的激励磁场，并通过电磁感应效应在被检工件中产生涡流，涡流产生的感应磁场与激励磁场相互耦合使得检测线圈的阻抗发生变化从而实现检测。

一、交变电磁场及电磁感应

（一）交变电磁场

当电流通过一导体时，将在该导体及其周围产生磁场，即所谓电磁场。给线圈通电，同样可以在线圈及其周围产生电磁场。如果给线圈通以直流电，则电磁场方向并不发生改变，类似于永磁铁产生的磁场。但是，如果给线圈通以交流电，则电磁场方向和强度是发生循环交替变化的，即当给线圈通以交流电时，在线圈及其周围产生交变电磁场。

（二）电磁感应

众所周知，变化的电场和磁场之间是相互作用的，即变化的电场产生时变磁场以及变化的磁场产生时变电场。根据法拉第的电磁感应定律，涡流检测时通以交流电的检测线圈产生的交变电磁场的磁通量在随时发生变化，因此存

在于检测线圈交变电磁场中的导体势必感应出电动势。电磁感应形式分为自感和互感。

1. 自感

通以交流电的线圈产生交变电磁场，而激励出该交变电磁场的线圈作为一个导电体存在于该交变电磁场中，势必在线圈中产生感应电动势，此为自感。

2. 互感

如果在通以交流电的线圈产生的交变磁场中存在外来的导电体（如一块钢板），势必将在该外来钢板中感应出电动势，此为互感。可以简单地理解为，互感就是一个线圈中的电流变化在它周围其他导体中引起的电磁感应现象。在涡流检测中，一方面，通以交流电的检测线圈产生变化的激励磁场，对导电体材料的被检工件产生互感作用，在闭合回路中形成涡流；另一方面，变化的涡流产生变化的感应磁场，也会对由导电体材料制作的检测线圈产生互感作用使其产生感应电动势。互感是涡流检测中的一个基本的物理现象，也是涡流检测的基础。

二、涡流及趋肤效应

（一）涡流及其影响因素

1. 涡流

由于互感效应，当一通以交流电的线圈建立交变磁场并接近一平板导电体时，将势必在该平板上产生感应电流，该感应电流以与交变磁场磁力线垂直的平板平面内多个同心闭环形式存在，类似于旋涡，称为涡流。

涡流是一平板中与检测线圈平行的闭环电流，其流通区域限制在磁感应区域内。涡流产生的感应磁场将对激励磁场产生作用，从而影响激励线圈（即检测线圈）的电

压和有效感抗。可见，理论上凡是影响涡流的工件特性均可反映在线圈电压和有效感抗上，从而得以检测。

2.电导率和磁导率

影响涡流的主要的材料物理性能是电导率和磁导率，此外其他因素，如缺陷、导电体形状的变化、导电体与线圈之间的距离及其之间的相互位置关系等，均在一定程度上对涡流产生影响。这些因素因影响到了涡流，所以其可以被检测，使得涡流检测内容十分丰富。但是正因为影响因素较多，在进行单因素检测时，其他因素又可能成为检测时的干扰因素。

（二）趋肤效应及涡流感应深度

1.趋肤效应

趋肤效应是指交流电通过导体时，电流更倾向于在导体表面附近流动，而不是均匀地分布在整个导体内部。这现象是由于交流电的频率高，导致电流在导体内部形成涡流，并使其集中在导体表面附近。趋肤效应使得导体内部的电阻损耗减小，同时也影响了电流的传输和能量分布。在高频电路和电磁感应中，趋肤效应是一个重要考虑因素。

2.涡流感应深度

涡流感应深度是指交流电通过导体时，在导体表面附近形成趋肤效应的深度。它取决于导体的电导率和交流电的频率。高电导率和低频率会导致较浅的涡流感应深度，而低电导率和高频率则会导致较深的涡流感应深度。

三、阻抗分析

（一）相位分析

1.相位差

在涡流检测中，给检测线圈通以高频交流电来产生激励磁场从而在工件中产生涡流得以完成检测。该高频交流电往往是正弦交流电，其瞬时电压u（t）可表示为即当角频率相等时，相位差仅取决于初始相位差，且与时间无关。

2.涡流检测中的相位滞后

涡流的产生是依赖于时间的，即工件内部产生涡流的时间要稍滞后于工件表面产生涡流的时间。涡流检测中的相位滞后就是指工件表面的涡流响应信号和工件内部的涡流响应信号之间的相位差。信号电压和电流随着深度的增加而滞后越加严重。

虽然因趋肤效应使得工件表面的小裂纹和工件内部的大裂纹对检测线圈阻抗的影响在幅度上可能是相近的，但是工件内部的大裂纹信号相比于工件表面的小裂纹信号相位滞后，将导致阻抗矢量特性的不同。相位滞后是涡流信号分析的一个重要参数，可通过相位滞后获得缺陷在工件中的深度信息，以及在工件材料确定时可大致判断缺陷的尺寸。

（二）幅度分析

幅度分析是指对信号或波形的振幅进行研究和解析的过程。在幅度分析中，我们关注信号的能量、大小或振幅变化，并对其进行测量和分析。涡流检测中使用的检测线圈通常由铜导线密绕而成。虽然线圈每匝之间存在分布电容，但其数值很小。在涡流检测中，主要关注的是通过线圈感应到的涡流信号的幅度变化。涡流信号的幅度可以反映被检测物体的性质、形状、缺陷等信息。

通过对涡流信号的幅度进行分析，可以识别和定量测量被检测物体的特征。例如，在非破坏性测试领域，涡流检测可用于检测金属零件的缺陷、裂纹、腐蚀等问题。通过分析涡流信号的幅度变化，可以判断被检测物体的质量状况以及可能存在的缺陷大小和位置。幅度分析在涡流检测中是一个重要的步骤，它帮助我们理解涡流信号的强度和变化，并从中获取有关被检测物体的信息。

（三）阻抗分析法

从诸多因素综合影响的涡流检测信号中提取所需单一信息并排除干扰信号，是一项十分重要的涡流检测技术。虽然在涡流检测发展进程中尝试过许多方法，但是直到阻抗分析法的提出，才使得涡流检测在工业中得到真正意义上的应用，并至今仍是涡流检测技术的重要组成部分。阻抗分析法是以分析因涡流效应而引起的检测线圈阻抗变化及其与相位变化之间的关系为基础，从而鉴别各主要影响因素效应的一种分析方法。

第二节　涡流检测设备及器材

涡流检测设备及器材主要包括涡流检测仪、检测线圈、试样以及涡流检测辅助装置，涡流检测仪、检测线圈及涡流检测辅助装置共同组成涡流检测系统。

涡流检测辅助装置主要有以下装置：

（1）磁饱和装置。即产生直流磁化并使铁磁性被检工件达到磁饱和状态的装置，有时也采用永久磁铁制成。应该能够连续对被检工件或其局部进行饱和磁化处理，以便减小被检区域中由磁导率不均匀所引起的信号干扰并提高涡流渗入深度。

（2）退磁装置。即消除被检工件中剩磁的设备。在通过磁饱和装置处理并进行涡流检测之后，在交付被检工件之前一般应采用退磁装置进行退磁处理。

（3）工件进给装置。用于扫描时使得被检工件按规定路径移动，实现各种速度的自动检测。应保证检测线圈和被检工件之间平稳地做相对运动，不应造成被检工件表面损伤，且不应有影响检测信号的抖动。检测管材、棒材等时还要注意进给时检测线圈与工件之间的同心度。慢速进给装置也可以用于辅助手动检测。

（4）检测线圈驱动装置。用于扫描时使得检测线圈按规定路径移动，实现自动检测，其他要求与工件进给装置相似。

（5）记录装置。即对涡流检测仪的输出信号进行记录保存的装置，应能及时、准确地记录检测仪器的输出信号。

（6）报警装置。即在自动探伤中，当检测到超出许可的缺陷时提供声光报警，以便检测人员及时分析判断检测结果并做出评价。

下面对涡流检测仪、检测线圈和试样分别进行分析和介绍。

一、涡流检测仪

（一）涡流检测仪的结构和工作过程

涡流检测仪的主要结构由激励源、信号放大与处理以及输出显示这三部分组成，通常具有激励、信号放大、信号处理、信号显示、信号输出及声光报警等功能。其中，信号显示具有显示检测信号幅度和相位的功能。其基本工作原理是，MCU或DSP控制的信号发生器产生多种频率的交变电压供给检测线圈使其产生交变磁场并使得被检工件产生涡流，被检工件的涡流磁场与检测线圈磁场耦合，使得检测线圈阻抗发生变化，通过平衡电桥输出电压信号并经检波、滤波、放大及A/D转换等处理后，输入到MCU或DSP中，并经信号分析（如相位分析、幅度分析或频率分析）后在显示屏上显示检测结果。工作频率一般在50Hz~10MHz范围内。

平衡电桥是十分常用的精密测量电路，通常用于根据已校准的电阻和电容来测量某桥臂中的电感。由于电感和电容的相位差是精确相反的，因此在桥路中处于相对的两个臂中的容抗和感抗就有可能达到平衡而得以测量。

（二）涡流检测仪的分类

涡流检测的形式和内容丰富，应用领域广泛，因此有多种涡流检测仪。按用途分类，涡流检测仪可分为涡流探伤仪、电导仪又称为材料分选仪、测厚仪和多功能检测仪。按涡流检测的技术特点分类，涡流检测仪可分为单通道检测仪和多通道（阵列）检测仪、单频检测仪和多频检测仪、单参数检测仪和多参数检测仪、低频涡流检测仪和视频涡流检测仪以及其他类型，如焊缝涡流检测仪、涡流扫描成像仪及远场涡流检测仪等。按结果显示方式分类，涡流检测仪可分为阻抗幅值型涡流检测仪和阻抗平面型涡流检测仪。阻抗幅值型仪器在显示器上仅显示阻抗的幅度信息但不显示相位信息，模拟式仪器居多，常以指针式表头来显示。需要注意的是，所显示的不一定是阻抗最大值或阻抗变化的最大值，显示的通常是最有利于抑制干扰信号的相位条件下的阻抗幅度。阻抗平面型仪器在显示器上同时显示出阻抗的幅度和相位，通常采用CRT或液晶显示器等形式来显示，数字式仪器居多。最简单的涡流检测仪器由一个交流电源、连接到此电源的线圈以及伏特计组成，也可以用电流表替换伏特计。

（三）涡流检测仪的智能化

在涡流检测中，各种检测参数的设定及检测结果的分析处理是一项比较烦琐并且需要很高技术水平的工作，这也是涡流检测较难推广应用的问题之一。随着计算机技术、通信技术及网络技术的快速发展，多种多样的 MCU 和 DSP 的出现，使得涡流检测仪智能化并为解决上述难题提供了一种可能。智能型涡流检测仪具有如下特点：

（1）抗干扰能力强，信噪比高。由于采用 DSP，可以进行多种信号处理和计算，通过软件滤波等方式实现信号的提取。

（2）参数自动配置。当技术人员通过人机界面指定涡流检测要求后，仪器可以自动完成参数配置与调整，最大限度地减少烦琐的参数设置工作。

（3）检测精度高、速度快。可以以人们期望的检测精度对模拟信号进行高速 A/D 转换并采集，其精度远高于传统仪器的检测结果，并可根据预设程序进行高速运算，检测速度明显提高。

（4）客观全面地采集、存储和分析数据。可以对采集的数据进行实时处理或后处理，并对信号进行时域分析、频域分析、人工神经元网络分析或三维图像处理等，以便提高检测的可靠性和可视性，也可通过模式识别对工件的缺陷进行定性、定量评价及质量分级。

（5）方便记录和存档。由于将模拟信号转换为了数字信号，可以方便地存储和记录检测的原始信号和检测结果，甚至可以将各种检测方法的检测结果存入计算机存储器中，对工件质量进行自动综合评价，也可对在役设备定期检测结果进行综合分析，为材料评价和寿命预测提供新的手段。也可以保存多组参数配置，随时调出、查询及修改，提高检测效率。

（6）柔性。通过软件更新等实现仪器功能的提升，便于适应各种现场变化。甚至有些开源软件用户可以自编程，实现特殊场合的最优检测功能。

二、检测线圈

检测线圈是涡流检测的重要器材之一，一般由单个或多组测量线圈和激励线圈组成。习惯上，将穿过式检测线圈称为检测线圈，一般情况下线圈不移动；将放置式检测线圈或旋转式检测线圈等称为检测探头，一般情况下线圈移动。在本文中，将其统称为检测线圈。检测线圈可以兼具激励涡流和接收信号的功能，即一方面，在交变电压激励下产生交变磁场，使得被检工件感生涡流；另一方面，通过磁耦合检测得到被检工件的涡流信号。除了上述两个基本功能之外，有些检测线圈还具有抑制干扰信号的功能，如差分式线圈具有抑制信号温度漂移的功能等。

涡流检测线圈的灵活性体现在可以根据被检工件的结构、形状和尺寸特点以及检测目的来设计制作形状各异、参数不同的检测线圈，以便满足不同的检测要求。由于使用对象、目的和方式的不同而种类繁多。例如：检测线圈可分为空心检测线圈和磁心检测线圈，聚焦检测线圈和非聚焦检测线圈，屏蔽检测线圈和非屏蔽检测线圈，同轴检测线圈和非同轴检测线圈，旋转检测线圈和非旋转检测线圈，半圆对称检测线圈和扇形检测线圈，单元件检测线圈和多元件检测线圈，发射－接收一体式检测线圈和发射－接收分离式检测线圈，磁通互补式检测线圈和磁通相抵式检测线圈，透射检测线圈和反射检测线圈，单检测线圈和阵列式检测线圈，表面检测线圈和螺孔检测线圈，内径检测线圈和外径检测线圈以及绝对式检测线圈和差分式检测线圈等。此外还有混合检测线圈，其是上述两种或两种以上检测线圈形式的组合，如D型反射式差分检测线圈。下面以常用的分类方法，对检测线圈进行分析和介绍。

（一）外穿式线圈、内穿式线圈和放置式线圈

按照检测线圈和被检工件之间的相对位置关系不同，检测线圈分为外穿式线圈、内穿式线圈和放置式线圈三大类，其中外穿式线圈和内穿式线圈，合称为穿过式线圈。

1. 外穿式线圈

外穿式线圈是将被检工件放置在线圈内进行涡流检测的检测线圈。适用于较小直径的棒材和线材表面以及管材外表面的检测，线圈轴线一般与工件轴线重合。对于管材而言，由于线圈产生的磁场主要作用在外表面，因此检出外表面缺陷的效果较好。内表面缺陷的检测是利用涡流的渗入作用来进行的，因此一般而言内表面缺陷检测灵敏度比外表面低。由于涡流的渗入深度有限，厚壁管材内表面的缺陷是不能使用外穿式线圈来检测的。

2. 内穿式线圈

内穿式线圈是放在管子内部进行涡流检测的检测线圈。一般用于管材内表面及孔洞表面的检测，线圈轴线与管材轴线重合时称为同轴式检测。常用于热电厂及化工厂的热交器、冷凝器等的管束内表面腐蚀状况的在役涡流检测。

采用穿过式线圈易于实现涡流检测的批量、高速及自动检测。检测管材外表面和内表面缺陷的能力是由多种因素决定的，但主要取决于被检管材的壁厚和检测频率，如果是铁磁性材料管材则还决定于磁饱和程度。

3. 放置式线圈

放置式线圈是放置在工件表面上进行涡流检测的检测线圈。放置式线圈的磁通、电流密度及检测灵敏度在线圈半径范围内均正比于距线圈中心的距离，因此以线圈为定位基准来看，线圈边缘的检测灵敏度最高，线圈中心的检测灵敏度最低。检测时，线圈轴线垂直于工件表面。放置式线圈通常用于工件表面缺陷探伤、工件厚度测量及材质分选。一般用于检测宽大工件的局部表面，适用于形状简单的板材、带材、板坯、方坯、圆坯及大直径管材、棒材的表面扫描检测，也适用于形状较复杂工件的局部检测。与穿过式线圈相比，由于放置式线圈的体积小及作用范围小，所以适用于检出尺寸较小的表面缺陷。而且，其一般含有磁心故有磁场聚焦性质，检测灵敏度较高。为适应不同检测场合，放置式线圈形式多样，如饼式检测线圈、弹簧检测线圈、平面检测线圈和笔式检测线圈等。

除了外穿式线圈外，内穿式线圈和放置式线圈常将线圈绕在磁心上使得磁通集中，以便提高检测灵敏度和检测效果。

（二）自感式线圈和互感式线圈

按照感应方式或输出信号的不同，检测线圈可以分为自感式线圈和互感式线圈。

1. 自感式线圈

自感式线圈也称为参量式线圈，是指线圈仅有一个绕组，该绕组既起激励作用又起检测作用，也就是既产生激励磁场使被检工件中产生涡流，又通过电磁感应来接收涡流信号，输出的是线圈阻抗的变化。

2. 互感式线圈

互感式线圈是指激励绕组与接收绕组分别绕制的检测线圈，也称为变压器式线圈。一般由两个或两组线圈组成，其一是用于产生激励磁场使得在被检工件中产生涡流的激励线圈或一次线圈，其一是感应并接收涡流磁场信号的接收线圈或二次线圈，输出的是感应电压的变化。

（三）绝对式线圈、自比式线圈和他比式线圈

按照检测线圈工作方式或信号输出方式不同，可分为绝对式线圈和差分式线圈。其中，差分式线圈又可分为自比式线圈和他比式线圈。绝对式线圈仅有一个绕组，差分式线圈至少有两个绕组。绝对式线圈输出的信号是检测部位电磁特性的绝对值，差分式线圈输出的信号是检测部位电磁特性与其他部位或对比试样电磁特性相比较的相对值，以外穿式线圈为例。

1. 绝对式线圈

绝对式线圈是指只用一个线圈进行涡流检测，并且输出的信号是检测部位电磁特性的绝对值的检测线圈，其不同于差分式线圈输出的相对值，输出的是线圈阻抗的变化。通常是用试样调整仪器归零后对被检工件进行涡流检测，如果无输出则认为被检工件与试样的相关参数相同，如果有输出则表明被检工件与试样不同。应分析和判断引起不同的原因，达成检测的目的。这种线圈通常用于材质分选、测厚和探伤。

2. 他比式线圈

他比式线圈也称为标准比较式线圈，是两种差分式线圈之一，是指将两个完全相同的线圈分别放置在试样和被检工件上并将这两个线圈反向连接的检测线圈。由于反向连接，因此当试样与被检工件在涡流影响因素上不同（如在被检工件上有裂纹）时，线圈就有信号输出。

3. 自比式线圈

自比式线圈是两种差分式线圈之一，是标准比较式线圈的一个特例，即不以试样作为比较的基准而是以同一被检工件的相邻部位与检测部位相比较的标准比较式检测线圈。由于同一工件的材料物理性能及几何因素相差不大，因此该方式难以用于材质检测及几何特性测量。但是，如果被检部位存在缺陷，则与比较部位的差分信号将有

较大变化，因此自比式线圈往往用于被检工件的局部探伤。

以涡流探伤为例来看，差分式检测线圈的两个线圈均在裂纹上面时，将不会有明显变化的信号产生。而当有一个线圈在缺陷之上而另一个线圈在无缺陷的材料之上（如缺陷的端部）时，则将产生差分信号。

绝对式线圈和差分式线圈相比较来看，差分式线圈具有检测信号不受温度漂移影响、检测线圈抖动对检测信号的影响较小及检测灵敏度较高等优点。其缺点是只能检测出长缺陷的起点和终点，但对缓变不敏感即有可能漏检长而缓变的缺陷。这是因为当裂纹长度大于检测线圈尺寸时，两个线圈均有裂纹信号输出，其信号将互相抵消，也有可能出现难以解释的检测信号。而绝对式线圈正相反，其优点是对工件材料性能和形状突变或缓变均有反应、对缺陷的全长有信号反应、较易区分混合信号及对涡流的各种影响因素的变化均能做出反应。但缺点是检测信号受温度漂移及检测线圈抖动的影响较大。在实际涡流检测工程中，差分式线圈比绝对式线圈应用更广泛。

三、对比试样

涡流检测结果通常是以当量形式表示，即对于被检工件质量的检测和评价需要通过与已知样品的检测信号比较而得出。而且，涡流检测系统的校准，也需要使用已知样品。在涡流检测中，一般使用对比试样来进行检测系统校准及检测结果评价。对比试样是指针对具体的检测对象和检测要求，按相关标准规定的技术条件加工制作并经相关机构或部门确认的、用于被检工件质量符合性评价的试样。对比试样主要用于调节涡流检测仪的检测灵敏度、确定验收水平和保证检测结果的准确性。对比试样必须与被检工件具有相同牌号、规格、热处理状态、表面状态以及无自然缺陷，不应有加工毛刺或加工变形，并且不能存在缺陷且表面不应沾有异物，以免影响使用效果。使用对比试样时需要注意，对比试样上的人工缺陷尺寸并非涡流检测系统可以检测到的最小缺陷尺寸。

按照涡流检测应用对象的不同，对比试样可分为外穿式线圈涡流检测用对比试样、内穿式线圈涡流检测用对比试样及放置式线圈涡流检测用对比试样；按照人工缺陷的形式不同，对比试样可分为孔形缺陷对比试样和槽形缺陷对比试样。具体而言，常用的人工缺陷为通孔型、平底盲孔型和槽型。通孔型人工缺陷可以较好地模拟贯穿型孔洞缺陷且最易加工和测量，因此应用最为广泛。平底盲孔型人工缺陷可以较好地模拟管壁的腐蚀情况，因此常用于在役管材涡流检测中。槽型人工缺陷可以较好地模拟管材、棒材及线材在制造过程中的折叠及使用过程中出现的裂纹，对自然缺陷更具有代表性，但最难加工和测量。总而言之，无论是哪种对比试样，其上的人工缺陷的形式难以统一限定，需要由产品制造或使用过程中最有可能产生缺陷的性质及其形状来决定。

对比试样通常根据具体的涡流检测工程来购买或自行制作。如果是自行制作，则要根据规范、标准或是采用合适的方法，对对比试样上加工的人工缺陷的尺寸进行测量确认后方可使用。

第三节　涡流检测工艺

涡流检测与其他常规无损检测方法相比较，一个非常鲜明的特点是：因检测对象和检测目的的不同，如工件材质、形状、尺寸、测厚、探伤、材料分选等，涡流检测工艺差别很大。考虑到读者对象和篇幅，下面仅对基础性和共性特点明显的典型工艺进行介绍和分析。各种典型应用，如涡流检测管材、棒材及线材，涡流检测焊接接头，涡流测量电导率等的专项工艺特点，对于涡流检测技术人员也是十分必要的，可参考其他相关书籍。涡流检测的工艺过程一般包括检测前的准备、涡流检测系统的调整、扫描、检测结果分析及后处理。

一、检测前的准备

涡流检测前的准备工作主要包括检测工艺文件的准备、工件的准备以及检测方式和检测系统的确定。

（一）检测工艺文件的准备

和其他的无损检测方法一样，涡流检测中使用到的工艺文件包括涡流检测工艺规程、涡流检测操作指导书、涡流检测记录和涡流检测报告，均应在涡流检测前编制好书面格式文件以备使用。

1.涡流检测工艺规程

涡流检测工艺规程一般基于产品标准、技术规范、操作规程和合同文件来生成，并表述和规定相关的重要工艺参数和操作规则。不同的涡流检测对象和目的具有不同的涡流检测工艺规程，内容一般应包括：

（1）人员资格鉴定与认证及技术等级要求等。

（2）仪器及检测线圈的校验周期，对比试样及必要的辅助装置。

（3）工件材料种类，制造工艺及冶金条件，被检工件的形状、尺寸及表面准备要求等。

（4）检测目的（探伤、材质分选、测厚）、目标、检测方法、检测频率、灵敏度、检测速度、检测区域、信号评价要求及验收标准等。

（5）实施检测时的环境条件。

2.涡流检测操作指导书

在首次使用操作指导书前应进行工艺验证，并至少应包括：

（1）检测技术要求，即执行的标准、检测技术等级、验收等级、检测时机、检测比例和检测前的表面准备要求。

（2）检测设备和器材，包括仪器、检测线圈、传动装置、对比试样规格及人工缺陷尺寸等。

（3）检测工艺参数，包括检测线圈参数、尺寸及型号，仪器的设置如检测主频率、增益、相位及滤波等。

（4）检测标识规定。

（5）检测操作程序和扫描次序。

（6）检测记录，检测示意图和数据评定的具体要求。

3.涡流检测记录

检测中或检测后，应根据检测要求记录相关工艺实施内容，主要包括：

（1）检测日期。

（2）检测名称。

（3）工件的型号、规格、尺寸及数量等。

（4）仪器的型号，线圈样式及规格。

（5）试验条件，包括检测频率、灵敏度、相位、滤波器、抑制器、报警灵敏度、工件进给速度、磁饱和电流及退磁规范等。

（6）验收标准，如探伤判废标准。

（7）对比试样编号、人工缺陷形式及尺寸。

（8）试验结果，包括各种数据、图表及验收结论等。

（9）操作者、记录者、审核者的人员签名。

4.涡流检测报告

涡流检测报告应包含足够的信息以便能依此重复该检测，检测报告至少应包含如下信息：

（1）涡流检测的委托单位。

（2）被检工件的名称、编号、规格，材料种类、牌号、批号，热处理状态，如果是焊件还要有坡口形式和状态。

（3）采用的应用文件和检测工艺规程。

（4）技术表或等同文件，该技术表在检测工艺规程对检测方法、检测设备或设备配置的规定有多重选择时给出具体细节。

（5）涡流检测仪的名称、型号及主要参数（如检测频率、相位）。

（6）检测线圈的名称、型号、类型（绝对式或差分式）、编号及尺寸。

（7）传动装置或其他认为重要的辅助装置的型号、编号及其工艺参数。

（8）检测速度。

（9）对比试样的类型、规格、编号，人工缺陷的类型及尺寸。

（10）实际检测数量，包括合格量和不合格量。

（11）检测结果及质量分级，检测标准名称和验收等。

（12）与检测工艺规程的偏差。

（13）负责实施检测的组织。

（14）检测人员姓名和资格。

（15）检测人员或其他授权人员的签名或签章及其技术资格等级。

（16）检测日期和地点以及检测报告填写日期。

（17）工件检测部位应在草图上予以标明，如有因检测方法或几何形状限制而检测不到的部位（即盲区），也应加以说明。

（二）工件的准备

应检查被检工件的外观尺寸和表面。工件表面应清洁、无毛刺等，存在的污物，如金属粉、氧化皮、油脂等，尤其是非铁磁性导电材料上的铁磁性污物，均会影响被检工件中的涡流。轻则干扰检测信号而影响检测结果，重则甚至难以检测。因此，应采取适当措施予以清除。

（三）检测方式和检测系统的确定

1.检测方式和仪器的选择

检测方式和仪器的选择，应依据检测目的（探伤、测厚及材质分选）及要求，被检工件材质、形状、规格和数量以及检测参数及其大小。

2.检测线圈的选择

涡流检测线圈是涡流检测中非常重要的器材，其性能直接影响检测精度和结果的可靠性。选择检测线圈主要依据工件的形状及尺寸、线圈参数、信号测量方法、与仪器的适配情况、检测目的及检测目标。

如果是小直径管材、棒材等细长杆件类，首选穿过式线圈，也可选择扁平式线圈配合管材或棒材的旋转检测。如果是直径很大的管材、棒材或是检测大平板对接焊接接头，则宜首选放置式线圈。如果欲采用差分式线圈，则应注意所选用的涡流检测仪是否具有差分测量功能等。需要特别注意的是，检测线圈均有一个标称频率或频率范围，在此频率之外得到的数据不一定可靠。因此，应根据所选择的检测频率来选定具体的检测线圈型号。

检测线圈的选择还与信号测量方法紧密相关。确定了测量技术也就基本上选定了检测线圈，确定了检测线圈类型也就基本上选定了测量技术。测量技术包括静态测量和动态测量，动态测量要求检测线圈与工件相对运动。可以人工扫描被检工件，也可以采用能够准确控制扫描路径的机械装置自动扫描被检工件。常用的测量技术包括：

（1）绝对测量是对与校准程序所确定的固定参考点之间的偏差的测量，参考点由参考线圈或参考电压提供。应用这一技术，可根据工件的物理特性、尺寸或化学成分对工件进行分类及分级，也可以识别连续的或缓变的缺陷。

（2）比较测量是两个测量所得信号之间的差值测量，其中一个测量作为比对的参考。这一技术常用于工件的分类和分级。

（3）差分测量是以恒定的相对位置和相同的扫描路径实施的两个测量的差值的测量。这一技术能够抑制被检工件缓慢变化而引起的背景噪声。

（4）双差分测量是两个差分测量的差值测量。这一技术相当于对差分测量进行高通滤波，与检测线圈和被检工件之间的相对速度无关。

（5）准差分测量是以恒定的相对位置实施的两个测量的差值测量。

3. 对比试样的选择

对比试样按检测规范或标准的规定和要求进行制作和使用即可。

二、涡流检测系统的调整

（一）检测条件的确定

在检测的前期准备工作结束后，需要调节仪器来确定和选择检测条件。

1. 检测频率的选择

涡流检测的灵敏度在很大程度上依赖于检测频率。通常，检测频率依据如下因素进行选择。

（1）检测深度。由于趋肤效应，在导体中流动的高频涡流将趋于导体表面。要对工件表面下某一深度进行检测时，所选的频率要低于某一值。

（2）检测灵敏度。检测频率的降低将提高涡流渗入深度，但是降低检测频率会使线圈与工件之间的能量耦合效率降低，从而降低了检测灵敏度。所以，要在保证一定渗入深度下选择频率时，应兼顾到检测灵敏度。

（3）检测因素的阻抗特性，方法分为两种：一是选择检测因素产生最大阻抗变化时的频率，即幅度差或相位差最大时的频率；一是选取检测因素与其他干扰因素所引起的阻抗变化最大的频率，即信噪比最大的频率。利用目标信号与干扰信号之间相位差异，通过相敏技术可以抑制干扰信号并提高信噪比，从而提高检测的可靠性。

（4）在自动涡流检测中，当进给速度较大（如速度达到每分钟数米以上）时，选择频率还应考虑检测速度的影响。例如，当缺陷长度较小但进给速度很大时，应通过增大检测频率来提高检测灵敏度，以免漏检。

此外，有时还应考虑表面状态（即表面粗糙度、涂层及曲率等）对检测频率的影响。检测频率还取决于检测的对象，如果测量管材等直径的变化需要提离效应有较高灵敏度，则要求使用高的检测频率。探伤时则要求有足够的渗入深度，表面缺陷可以使用更高的检测频率以便提高检测灵敏度。对近表面缺陷，则既要保证足够的渗入深度（即采用足够低的工作频率），又要使缺陷和其他干扰因素之间有足够的相位差以便保证分辨率。可见，检测频率的影响因素较多而且有时互相矛盾，因此，在实际涡流检测工程中，检测频率的选择通常采用折中方法，应根据在对比试样和被检工件上综合调试的结果，来确定一个合适的检测频率。

2. 检测灵敏度的选择

检测灵敏度是涡流检测中非常重要的工艺参数，应在综合考虑各影响因素及实际检测情况下，选择确定一个合适的检测灵敏度。

在涡流检测中，被检工件的电导率和磁导率及材质等对涡流检测产生影响。除此之外，不管何种涡流检测，均会有如下的工艺因素对检测过程和检测结果尤其是灵敏度产生较显著的影响，需要在涡流检测时给予充分的注意。

（1）检测频率。检测频率越高，检测灵敏度越高。但要注意，检测频率越高，渗入深度越小，因此可检测深度越小。

（2）检测间隙。检测间隙，即线圈与检测区域的接近程度，也称为探测间隙。检测间隙越小，互感效果越好，检测灵敏度越高。

（3）放置式线圈的直径。实际上，放置式线圈的直径均很小，磁通量也很小。为了增加检测深度，可以增大线圈直径。但是，随着检测线圈直径的增大，必定降低对短小缺陷的检测灵敏度，而涡流检测的深度一般小于线圈直径。

（4）对比试样的材质和制作。材质偏差及制作时人工缺陷的加工偏差将影响检测灵敏度，因此其材质及制作等应满足相关标准的规定。

（5）检测速度。检测速度越大，检测灵敏度越低。检测时的检测速度应与调试灵敏度时对比试样与检测线圈的相对移动速度一致或接近。

（6）覆盖层。采用放置式线圈对焊接接头进行涡流探伤时，工件表面的导电体覆盖层的厚度及其电导率越大，则检测灵敏度越低。工件表面的非导电体覆盖层对检测灵敏度的降低程度与提离高度相关，提离高度越大则检测灵敏度越低。

（7）被检工件的形状。工件形状复杂甚至导致线圈难以接近检测表面或是表面为曲面等情况下，检测灵敏度较低。在该情况下，实质上主要是检测间隙的影响。

（8）缺陷。缺陷的性质、大小、深度以及线圈与预测缺陷之间的方位关系，均影响检测灵敏度。线圈产生的涡流流向与缺陷垂直时检测灵敏度最高。缺陷深度越小、缺陷尺寸越大以及缺陷与基体在影响涡流方面的差别越大，则检测灵敏度越高。因此，在检测工程中应对可能的缺陷进行分析和预判，并针对性地采取适宜的检测工艺。

（9）边缘效应。工件的边缘，由于涡流分布受到影响，因此检测工件边缘区域时，检测灵敏度较低。

除了上述工艺因素外，检测系统中的线圈尺寸对检测灵敏度和分辨率也有很大影响。由上述可见，影响涡流检测灵敏度的因素众多且复杂。

（二）仪器的调节与设定

在正式检测前，应在选定的检测频率下对检测仪进行预调，以便保证检测结果的可靠性和良好的重复性。检测仪器的调节与设定，一般包括频率、增益、灵敏度、信噪比、漏报率、误报率、端部盲区大小、分辨力、相位角及滤波参数等内容。

1.归零调节

归零调节是指在采用对比试样的无缺陷部位进行检测系统调节时，应通过仪器旋钮的调节或数字仪器的功能调节，使得线圈的信号输出为零。

2. 相位设定

此处所谓的相位是指采用相敏检波进行相位分析的检测仪中移相器的相位角。一般应选取能够最有效地检出对比试样中人工缺陷的相位角。有两种方法：一是将缺陷信号置于信噪比最大时的相位，这种方法可以降低输出信号中因工件抖动产生的噪声；一是选取能够区分并检测缺陷的种类和位置的相位角，这种方法必须兼顾缺陷的检测效果和不同种类、不同位置缺陷的良好区分效果。

3. 滤波器设定

滤波器设定是指在用对比试样进行探伤调整时，人工缺陷以最大信噪比被检出时滤波器的中心频率和频带宽度的设定。

4. 抑制器设定

抑制器设定是指从显示或记录仪器中消除低电平噪声的设定。由于在相位设定和滤波器设定时抑制器必须置零，因此抑制器设定应在上述操作之后进行。由于抑制作用，缺陷和缺陷信号的对应关系一般会发生变化，即破坏了两者的线性关系，这一点在检测时应予以注意。

5. 报警阈值调节

如果线圈和工件有相对运动，则应在确定的检测速度下，调试涡流检测仪器使得对比试样上的人工缺陷信号刚好报警的程度，并且信噪比一般应不小于 10dB。

6. 检测灵敏度的调节和检查

灵敏度的确定与检测目标及检测系统相关，通常是采用按标准规定的验收等级制作的对比试样来调整灵敏度。首先，检测系统在确定好的检测速度下运行。其次，人工缺陷信号应能稳定产生且可清楚区分。再次，如果在对比试样上有多个相同的人工缺陷，则显示这些人工缺陷的信号幅度应基本一致，应相差不大于平均幅度的±10%，并且选择最低幅度值作为检测系统的触发报警阈值。最后，调节人工缺陷指示的信号大小，使其在显示屏满刻度的30%~70%位置上，具体比例可根据所检测对象的材质和检测经验来确定。

三、扫描

静态检测即检测线圈和被检工件相对静止时，没有扫描。扫描时，应按灵敏度调整时设定的检测系统参数来对被检工件进行检测。线圈和工件之间的相对运动速度应与调试仪器时线圈和对比试样之间的相对运动速度相同。

当选择采用扁平线圈检测旋转管材工艺时，目的是使整个管材表面均被扫描到。典型的两种旋转方式为扁平线圈旋转配合管材直线进给和扁平线圈固定但管材旋转并直线进给。这种检测工艺可以高效率地扫描管材的整个表面，检测效率高，主要用于检测管材外表面的裂纹。外穿式线圈在电气连接和机械结构方面相对简单而且与管材在形状方面吻合较好，因此对管材表面和近表面缺陷有较好的响应，而且可以高速进给，检测效率高。直径较小的管材，如直径小于 180mm 的管材，通常采用外穿式线圈，可对工件进行 100％检测。焊管在线探伤时，由于焊接过程中焊缝很难保持一个方位，经常发生偏转甚至可偏转 180°，当使用穿过式线圈检测时，无论焊缝偏转角度大小，均可保证检测的可靠性。

直径较大的管材，由于体积大因此缺陷体积所占的比例变小，导致得到集总信息的外穿式线圈的检测灵敏度较低。加之不易偏转，因此对于大直径管材或检测要求高的工件，可采用旋转检测线圈或平面的组合式检测线圈，也可以采用扇形检测线圈。

放置式线圈扫描时，线圈轴线应垂直于被检工件表面。在检测曲面或边缘时，可采用专用线圈，如和曲面同曲率的检测线圈等，以确保电磁感应效果。扫描间距应不大于检测线圈直径。在扫描中，如果发现异常响应输出，则应反复扫描确认，主要是观察响应信号的重复性及与对比试样上人工缺陷响应信号的差别性。扫描方向应尽可能与预判缺陷的方向垂直，如果完全不知缺陷方向，则扫描应至少有两个互相垂直的方向。

四、检测结果分析

涡流检测的结果就是检测信号。检测信号分析是指对显示屏上的检测信号，根据典型检测信号并结合以往的检测经验，对检测信号进行解析和判断。涡流检测常用的信号分析技术包括幅度分析，即对涡流检测信号幅度进行评价的方法；分量分析，即在给定参考相位条件下，对涡流检测信号分量的幅度进行评价的方法；相位分析，即对涡流检测信号的相位角进行测量和分析的方法；谐波分析，即对涡流检测信号谐波成分的幅度、相位或幅度和相位进行分析的方法；调制分析，即对检波之后的涡流检测信号进行频率分析的方法；阻抗分析，即对检波后的涡流检测信号的幅度和相位随电磁耦合和被检工件电磁特性的变化关系进行分析的方法；扇区分析，即对复阻抗平面上的一个扇形区域内的信号幅度进行分析的方法。

有时，往往综合采用上述的两种或两种以上技术对涡流检测信号进行分析。

（一）幅度分析法

幅度分析法是指比较工件中的自然缺陷信号幅度和对比试样中的人工缺陷信号幅度，如果前者大于后者则认为工件中的该缺陷超标。可见，幅度分析主要采用的是当量分析法，但并不仅局限于对瞬时幅度当量的分析，也可以对幅度累积量及其他幅度参数当量的分析。一般是将对比试样的人工缺陷信号幅度设定为某确定灵敏度下的检测系统的报警阈值，检测时没有报警信号则评定为工件质量合格。很显然，当量分析法最适用于对涡流探伤结果的判定，对于电导率测量等的涡流检测不适用。前文中介绍的检测系统的灵敏度的调整方法，就是依据幅度分析法。

（二）阻抗分析法

阻抗平面图是一个十分有效的涡流检测信号的显示方式，可以实时给出阻抗的相位及幅度等特征信息。提离效应和填充系数所引起的检测线圈阻抗的矢量变化具有固定的方向，当检测频率一定时，该方向与缺陷信号的阻抗矢量方向（也即相位角）有明显差异。正因如此，也可以利用该特点，在信号处理中抑制甚至消除提离效应和填充系数对缺陷检测的影响。不同的涡流强度和材料的磁性能表现为不同形状的阻抗平面图。

五、后处理

得到检测结果并分析后，有可能复检，也有可能结束本次检测。

（一）复检

一般是在检测过程中每隔 2h 应对检测系统的灵敏度进行校验，如果系统灵敏度校验时的对比试样的人工缺陷特征参数发生明显的改变或是灵敏度发生大于 2dB 的变化，则应对上一次系统灵敏度校验之后检测过的工件重新进行检测。

对于含有超过报警阈值缺陷的可疑工件，应对其复检。此外，也有可能对评定为不合格的工件进行复检，以便确认是否的确不符合等级要求。

（二）退磁

如果剩磁将对后续的工件加工或使用产生不良影响，则应退磁。

（三）标记与记录

1. 标记

根据检测结果，应将各类工件分别标记代表不同含义的各种字符来区分，如合格品、不合格品、复检品及已退磁等。

2. 记录

按照“涡流检测记录”格式文件的内容，逐项、客观、详实地记录检测过程工艺及参数。

第七章　无损检测技术应用

第一节　航空工业无损检测技术

目前，随着我国航空事业快速发展，飞机设计和制造中越来越多的运用新的设计理念，大量采用新型材料，以达到减轻重量、增加强度的目的等；而原有的飞机在逐步老化，逐步进入高等级维修阶段。如何适应新型材料的检查，如何确保老龄飞机在持续飞行中保证安全，发挥更大的作用，是目前摆在航空人员面前的一项难题。如何既能实现对航空器的有效检测，保证其运行安全可靠，又能保证检测技术不会对航空器产生破坏，成为航空检测领域重点研究内容，因此无损检测技术在航空工业中的应用及发展至关重要。

一、航空用纤维增强聚合物基复合材料无损检测技术的应用

（一）无损检测技术在航空复合材料及制件中的应用现状

1.超声检测技术

超声检测技术在航空复合材料无损检测中的应用最为广泛，国外复合材料制件通常要求100%进行超声检测，该方法可用于层板、板板胶接、板芯夹层等结构，对分层、夹杂、脱黏、孔隙等缺陷具有较好的检测效果。

（1）铆接结构的检测

两块复合材料层板通过铆接结合是常见的一种复合材料组装结构。铆接过程中容易引起分层、裂纹等缺陷，采用超声接触式脉冲反射法或C扫描法，可以有效检测出该类缺陷。

2.孔隙率检测

孔隙率是复合材料中的主要缺陷之一，对材料强度有较大影响。目前，国内外普遍认为超声衰减法的孔隙率检测灵敏度高、可操作性强。

（二）航空复合材料无损检测技术展望

随着我国国防工业的快速发展，复合材料在航空飞机中的应用不断增加，其结构形式与制作工艺越来越复杂多样，对航空用复合材料无损检测技术的可靠性和先进性的需求越来越迫切。今后，航空用复合材料无损检测技术将进一步向以下方向发展，以满足不断增长的航空用复合材料及制件高可靠性、高灵敏度的检测需求。

1.现有工程化无损检测技术的完善与发展

应研制生产的多种型号飞机中复合材料的无损检测需求，航空用复合材料的无损检测技术已初步进入工程化应用阶段，但仍存在一些问题需要继续完善与发展。

（1）缺陷的定量化评价

航空用复合材料种类繁多，不同种类材料及制件中出现的缺陷类型也不相同，而目前行业内缺少对缺陷信号统一识别与评判的方法，易造成各厂家检测及评定的缺陷结果不一致的问题。针对这一问题，有必要在行业内统一缺陷识别及评定方法，为各厂家检测时提供一致性指导。

（2）检测标准体系的完善和健全

国内公开发行的复合材料无损检测标准较少，部分标准编制年代较早，已不满足快速发展的无损检测技术水平。另外，航空行业内部也未建立起系统的复合材料无损检测标准体系，如缺少复合材料检测用设备和对比试块的校验方法、缺少新技术无损检测方法等。今后，应加强复合材料无损检测技术标准体系的完善，特别是行业内部检测标准体系的完善，为航空用复合材料无损检测的可靠性提供依据。

（3）多种无损检测技术融合应用

每种无损检测方法均有其优势和局限性，探索多技术融合的检测技术可实现各检测技术的优势互补，并以更合理的手段达到质量评价的目的，提高检测能力，这是未来无损检测技术发展的新趋势。

2.传统无损检测技术与现代多学科技术结合发展

采用计算机控制技术、机器人技术、先进制造技术、信息融合技术、人工智能技术等与无损检测技术有机结合，提高无损检测能力、检测效率和可靠性，使无损检测技术的应用向规范化、科学化和自动化的方向发展。

（1）与计算机、机械制造技术结合，使自动成像检测方式替代手动检测方式。

（2）与数字图像处理技术结合，使检测结果由单一A扫描显示向A扫描、B扫描、C扫描联合显示方向发展。

（3）与计算机仿真技术结合，通过仿真与模拟，设计、优化复杂检测对象的检测参数。

二、航空发动机用树脂基复合材料无损检测技术研究与应用

（一）树脂基复合材料主要缺陷

树脂基复合材料是一种非均匀、多界面结构，其内部缺陷特征和无损评估方法与金属材料有较大差异。在树脂基复合材料的制造及使用过程中，易形成孔隙、孔洞、分层、脱粘、夹杂、疏松、基体开裂、贫胶、富胶、纤维含量不正确、裂纹、纤维屈曲与错位等缺陷。

复合材料内部缺陷的存在可造成材料局部应力集中以及强度、刚度等力学性能下降等现象。当缺陷达到一定严重程度时，甚至引起结构失效。因此，用于复合材料制造和服役阶段缺陷评估的无损检测技术对于保障构件使用可靠性具有重要意义。

分层、夹杂、脱粘等面积型缺陷通常采用缺陷面积或当量作为评价指标，孔隙、疏松等弥散性缺陷宜采用缺陷严重程度和缺陷面积的结合数据来作为缺陷验收与否的评价指标。

（二）树脂基复合材料无损检测技术

树脂基复合材料内部缺陷种类和形态十分繁杂，并且材料制件本身的结构组成也具有复杂的多样性，仅采用一种无损检测技术往往不能满足复合材料制件不同结构、不同阶段对缺陷检测的可靠性需求。因此，用于复合材料缺陷检测的无损检测方法也十分丰富，如超声、X射线、红外热像、激光散斑、敲击等多种检测技术，且各种检测方法分别在不同类型的缺陷检测中具有优势。

1.超声检测技术

超声检测技术是复合材料检测使用最多的无损检测方法，它是基于声波在材料内部传播过程中遇异质界面产生反射、折射及散射现象来识别缺陷。该方法适用范围较广，可用于层板、板芯等结构中分层、脱粘、夹杂、孔隙等缺陷检测。按检测结果显示方式可分为：A扫描，利用波形反映缺陷深度和衰减信息，不能直观记录缺陷位置和尺寸；B扫描，反映缺陷深度及某一纵截面形态，不能显示缺陷尺寸，且不能记录缺陷位置；C扫描，反映缺陷衰减、位置和尺寸，是使用最广泛的一种显示方式；D扫描，以采集缺陷深度信息形成的整件被检件的地图图像，可反映缺陷的深度、位置及尺寸，但不能体现缺陷衰减程度。

除了上述最常用的传统超声检测技术外，还有一些基于声波传播原理的检测技术可用于复合材料检测：

（1）超声相控阵技术。利用其声束偏转和阵列扫查，提高检测效率和复杂结构检测可达性，在复合材料检测中的应用日趋成熟。

（2）空气耦合超声技术。采用可在空气中传播的低频声波实现非接触检测，对高衰减材料有较高穿透能力。

（3）激光超声技术。利用激光脉冲激发超声波进行检测，具有非接触和可远程检

测的特点，但由于该技术需要更高的成本，尚未普遍应用于工业领域。

（4）声发射技术。通过接收和分析缺陷变化产生的应力波来实时监控正在扩展的缺陷，但缺陷停止演变后，检测信号无法再现，并且缺陷应力波信号的识别，需要借助复杂的信号处理技术，增加了声发射技术的应用难度。

（5）声振法是激励被检件产生机械振动，通过测量被检件振动的特征来判断被检件胶接质量。

2.X射线检测技术

X射线检测技术是采用射线源透照物体，利用穿过被检件射线能量强弱来判断材料内部缺陷。该方法对分层、脱粘类缺陷不敏感，但对发泡胶空洞、夹杂、芯格断裂、节点脱开、芯格压缩等缺陷具有较好的检测效果。

近年来，计算机射线成像技术（CR）、数字化射线成像技术（DR）、计算机层析成像检测（CT）等数字射线技术发展迅速，使复合材料X射线检测技术实现了检测结果实时显示与数字化存储，大幅提升了复合材料微观结构精密测量和表征能力。并且，随着自动化检测水平的提高，借助自动操纵装置，实现零件摆放、射线源位置等的自动布局和移动，可以提高检测效率和精度。

3.其他检测技术

超声和X射线检测技术是复合材料生产制造阶段常用的无损检测技术，除此之外，还有一些检测技术也在复合材料缺陷检测中获得广泛应用。例如，红外热像检测技术、激光散斑检测技术以及敲击检测技术等。上述3种检测技术均可检出分层、脱粘、夹杂等缺陷，具有检测效果好的特点，但也都受到检测深度的限制，适用于埋深较小的缺陷检测。

（三）国外发动机用树脂基复合材料制件无损检测技术

早在20世纪50年代，国外就开始树脂基复合材料制件应用于航空发动机的研究，目前已取得较为成熟的成果，重要的代表性零件有风扇机匣、风扇叶片、发动机短舱等。保障该类制件内部质量的无损检测技术也随之快速发展。发动机复合材料制件以层板结构和蜂窝夹层结构为主，具有双曲率、多拐角、变厚度等结构特点，并采用多种制作工艺和材料体系，给无损检测可达性、完整性、准确性及一致性带来较大挑战。了解国外先进航空发动机复合材料制件无损检测技术发展现状，对提高我国同类制件无损检测技术水平、保障发动机复合材料制件质量可靠性，具有重要意义。

1.风扇机匣

采用多轴喷水式自动超声检测系统实现对变结构、变厚度的风扇机闸的三维C扫检测，一次扫查零件所有部位。同时，在复合层合材料中嵌入特氟龙材料模拟缺陷，利用先进的信号处理工具，以较高信噪比识别出复杂结构部位的预制缺陷。

2.风扇叶片

罗罗公司“超级风扇”发动机风扇叶片采用水浸式超声穿透法进行成像检测，检测利用自校准和自评价系统，以超过200 mm/s高速对复杂双曲率型面叶片和金属包边进行高分辨率测量。DantecDynaminc公司利用激光散斑技术，同时结合六自由度的机械臂，对复合材料叶片进行成像检测，根据相位图上的蝶形图案检测树脂基复合叶片的冲击损伤。

3.短舱

航空发动机复合材料短舱通常采用蜂窝夹层结构制作，且尺寸较大，检测耗时较长。SAFRAN公司利用红外检测技术检测效率高的优势，结合Kuka机器人自动控制技术，将红外自动检测技术应用于LEAP-1A和Trebt7000发动机短舱复合材料的测量，检测时间减少一半。

4.微观缺陷检测

NSI北极星公司对树脂基编织复合材料进行CT检测，用于识别复合材料中脱毛、屈曲、材料、纤维取向以及均匀性等问题。

第二节　建筑工程施工无损检测技术

当前，随着社会的发展，建筑工程规模不断扩大，人们对建筑工程质量的要求不断提高。因此，为了把好建筑工程质量关，建筑企业需要一种全新的检测技术，以满足现代建筑工程检测要求并保证检测结果的准确性。近些年，无损检测技术凭借非损伤性、灵敏性、准确性和全面性等优点，得到了许多建筑施工企业的青睐。从现阶段无损检测技术在建筑工程中的应用情况来看，常用的检测技术主要包括超声波无损检测、红外线成像无损检测、雷达波无损检测、渗透无损检测、磁粉探伤无损检测、冲击反射无损检测。在建筑工程检测中，这些无损检测技术既有各自的应用优势，也有各自的不足之处。在建筑工程检测工作中，相关技术人员应根据现场实际情况来灵活应用不同的无损检测技术，从而确保建筑工程质量检测结果的准确性和可靠性。因此，加强无损检测技术在建筑工程检测中的应用研究，在提高建筑工程质量方面具有重要意义。

一、建筑工程检测中无损检测技术分析

（一）超声波无损检测技术

现阶段，以钢筋混凝土为主的建筑结构越来越多。检测混凝土强度及内部结构质量是建筑工程质量检测工作中一项十分重要的工作。在检测过程中，不能让混凝土结构受到任何损伤并且保证检测结果的准确性，而超声波无损检测技术正好能满足这一要求。工作人员可以利用超声波强大的穿透力来检测混凝土内部结构。超声波无损检测技术不仅灵敏度高、检测结果准确，还能有效降低检测成本。因此，超声波无损检测技术在建筑工程质量检测中得到了广泛应用。

超声波无损检测技术又可细分为超声回弹无损检测和超声无损检测两种技术。当检测混凝土结构厚度较小的建筑工程时，工作人员可以采用超声回弹无损检测技术。应用超声回弹无损检测技术，工作人员可以在检测混凝土表面强度的同时，快速获得准确的检测结果。超声回弹无损检测技术的具体操作流程是：首先，在检测前，检测人员需要做好混凝土表面清洁工作；然后，检测人员需要使用超声回弹无损检测技术来检测清洁过后的混凝土，在检测过程中，检测人员还需要详细记录检测数据；最后，在完成检测工作后，检查人员需要仔细分析所记录的数据，以保证检测结果的准确性。

当检测混凝土结构厚度较大的建筑工程时，检测人员需要获取混凝土结构的数据，采用超声回弹无损检测技术和超声无损检测技术来共同完成检测工作。工作人员在应用超声回弹无损检测技术检测混凝土表面强度的同时，还需要利用超声无损检测技术检测混凝土内部结构质量，这种内外结合的检测方法既提高了检测效率，又可获得准确的数据。超声波无损检测技术既存在优点，也存在缺点，其缺点主要表现为：若混凝土内部结构存有缺陷，在检测内部结构时，超声波在传播速度上就会受到影响。因此，工作人员可以考虑将超声波无损检测技术与其他无损检测技术相结合，从而保证建筑工程检测质量。

（二）红外线成像无损检测技术

红外线成像无损检测技术是一种较为特殊的检测技术，在建筑工程质量检测中，它可以快速检测建筑物内部结构质量。该技术主要利用红外线摄像机来采集建筑物内部结构的辐射信号，然后利用成像技术将获取的信息转化成建筑物内部结构图像。检测人员可根据获得的图像来分析和判断建筑物内部结构是否存在质量问题。红外线成像无损检测技术之所以不损伤建筑体，主要是因为检测设备不需要与建筑物体直接接触，工作人员只需要利用检测设备的红外线扫描建筑内部材料，就能实现建筑材料检测目标。在建筑工程质量检测中，红外线成像无损检测技术可应用于建筑工程防水质量、混凝土内部结构缺陷或损伤以及装饰面层质量检测中。此外，在应用红外线成像无损检测技术检测建筑工程质量时，检测人员需要采取一定的防护措施，以免对自身带来伤害。另外，检测周期较长、获取检测结果较慢是红外线无损检测技术的不足之处。

（三）雷达波无损检测技术

目前，在建筑工程质量检测中，雷达波无损检测技术的应用比较成熟。雷达波无损检测技术的应用优势主要表现为以下几点。①雷达波穿透力十分强大。②检测范围大。它能够检测建筑工程内部结构，甚至还能够有效检测混凝土内部结构的裂缝，这是其他无损检测技术无法达到的优势。雷达波无损检测技术与红外线无损检测技术都是无接触的检测方法。③对于结构复杂的建筑工程，雷达波无损检测技术也能发挥作用。雷达波无损检测技术可以通过雷达波来探测建筑内部结构。虽然混凝土内部结构会影响雷达波的传播速度，但是雷达波反馈信息能够准确反映混凝土内部缺陷及损伤情况。雷达波无损检测技术操作简单，在一般情况下，检测人员只需要将雷达波发射至建筑体表面，根据雷达波发射的方向和速度变化，就能准确判断建筑工程混凝土结构的质量是否存在问题。

（四）渗透无损检测技术

在建筑工程质量检测中，检测钢结构也是一项重要的检测工作。工作人员需要采用多种无损检测技术来检测钢结构，渗透无损检测技术便是比较常用的一种技术。渗透无损检测技术主要是将一些荧光料或者着色料的渗透液涂抹在钢结构的表面，经过一段时间后，涂抹的渗透液会渗入钢结构的缝隙或缺陷部位，去除表面部分多余的渗透液，待渗透液干透后，在光照充足的情况下，可以使钢结构缝隙或缺陷显现出来，从而达到钢结构质量检测的目的。渗透无损检测技术的检测用时较长、应用范围较小，它只能用来检测钢结构的缺陷和缝隙。该检测技术对钢结构表面的光滑度和清洁度有着很高的要求：如果钢结构表面生锈或被污染，直接使用渗透无损检测技术，检测质量就会受到较大影响。因此，在应用渗透无损检测技术时，检测人员必须注意这一点。

（五）磁粉探伤无损检测技术

磁粉探伤无损检测技术是建筑工程钢结构质量检测中常用的检测方法。磁粉探伤无损检测技术能够快速检测出钢结构是否存在质量问题。在实际工作中，检测人员需要先对钢结构进行磁化处理，经过处理后的钢结构表面将会分布比较均匀的磁力，然后在钢结构表面均匀撒上磁粉，最后在光照下仔细观察磁粉在钢结构表面的分布情况：如果磁粉均匀分布，则说明钢结构质量没有问题；如果磁粉不规则或断断续续分布，则说明钢结构存有裂缝或者缺陷。有损的钢结构磁化程度和无损的钢结构磁化程度在着较大差异。因此，磁粉探伤无损检测技术可以帮助检测人员比较直观地、快速地检测钢结构是否存在质量问题。磁粉探伤无损检测技术具有应用比较简单、成本较低、无损性等优点，它在钢结构无损检测中应用的价值较高。

（六）冲击反射无损检测技术

在建筑工程质量检测中，冲击反射无损检测技术与超声回弹无损检测技术具有相似性，它们都是通过撞击来获取检测数据的，但冲击反射无损检测技术主要通过撞击方式产生应力波来达到检测目的。在利用冲击反射无损检测技术来检测建筑工程质量时，检测人员首先需要根据建筑的强度进行预估，然后做一个符合检测要求的回弹钢球，最后用适当力度使回弹钢球与建筑体表面发生撞击。钢球受到撞击后会产生一定的应力波，检查人员可以通过应力波频谱来分析建筑工程是否存在裂缝或者缺陷问题。

二、无损检测技术在建筑工程质量检测中的应用

（一）桩基无损检测

桩基检测在建筑工程质量检测中是一项必检项目。桩基结构较简单、规模较小，因此桩基检测可采用超声波无损检测技术。该技术利用超声波强大的穿透力，可快速检测桩基内部结构质量，并且不会对桩基的结构造成损伤。检测人员应用桩基无损检测，可以发现桩基是否存在裂缝、缺陷或者强度不够等质量问题，超声波无损检测技术在把好桩基质量关方面发挥了重要作用。

（二）建筑工程墙体的无损检测

墙体作为建筑工程的主体结构，它必须通过检测来确定是否达到质量标准。在检测墙体的过程中，检测人员需要保证墙体不能在检测过程中受到损伤。由于墙体厚度较小，超声回弹无损检测技术和射线无损检测技术都符合墙体无损检测要求。在利用超声回弹无损检测技术时，回弹仪撞击墙体，使墙体产生较明显的振荡，从而快速准确地检测墙体内部裂缝等问题。在利用射线无损检测技术检测墙体结构质量时，射线具有很强的穿透力，它能够进入墙体内部实施结构检测，并且能够得到准确的检测结果。这两种无损检测技术应用于建筑工程质量检测中，有助于检测人员把好墙体质量关。

（三）建筑工程屋顶防水质量检测

屋顶防水检测在建筑工程质量检测中是必不可少的一项工作，它关系到建筑工程能否顺利通过验收。因此，屋顶防水检测效果十分重要。渗漏巡检无损检测技术能充分满足屋顶防水质量检测需求。非破坏性电阻抗产生的低频电子信号，结合橡胶电极垫中的两个电极中的一个电极，传输到屋顶被检测材料中，该电极覆盖在仪器的下侧；另一个电极接收通过被测材料传输的信号，该信号的强度与被测材料中的水分含量成比例变化。检测设备会自动确定电流强度并将其转换为比较湿度值，然后以规则图案展现到屋顶表面。检测人员可以从中获得连续读数，并且可识别任何含有水分的区域，从而达到检测屋顶防水质量的目的。

三、建筑工程检测中无损检测技术的应用价值

随着社会经济的发展，现代建筑工程的规模越来越大。在建筑工程检测领域，传统检测技术已经无法满足现代建筑工程质量检测的要求，主要原因是准确性低、效率低，并且检测过程还容易使建筑受到不必要的损伤，甚至使建筑出现较大的质量问题。通过上文分析，我们不难看出，无损检测技术比传统检测技术更具有优势，它能弥补传统检测技术的不足。无损检测技术操作方法简单，能够检测面积较大的建筑工程，检测效率与检测结果的准确性都很高，它最明显的优势就是不会损伤建筑结构，

检测成本低，能够满足现代建筑工程质量检测标准的要求。因此，无损检测技术在建筑工程质量检测中的应用价值会越来越突出，它能够为建筑工程质量保驾护航，并且推动建筑行业持续发展。

第三节　钢结构工程焊缝无损检测技术

一、钢结构工程焊缝无损检测技术应用的必要性

当前我国建筑施工领域应用钢结构较为频繁，在钢结构施工时也要相应的焊接技术，以更好地实现对钢结构的有效连接，但是在应用焊接技术时要避免钢结构工程因连接处不当操作而出现缝隙等，因此应用焊缝无损检测技术至关重要，可以针对不同类型的钢结构工程及结构元件进行全面的检测，提高焊缝的整体质量。但是如果只是简单开展焊缝质量检查和缺陷排查，则往往会受到相关因素的影响和干扰，如金属疲劳或出现质量缺陷等，所以在钢结构工程中广泛应用焊缝无损检测技术更加具有现代化的应用意义和价值，能够有效促进钢结构工程焊缝连接技术水平的全面提升。

二、钢结构工程焊缝无损检测技术分析

钢结构工程中所应用的焊缝无损检测能够有效避免钢结构检测材料受到检测的损伤，也能全面检测与排查钢结构材料表面和内部所出现的缺陷，并对材料的性能状态等进行全面的检测。

（一）超声检测技术

钢结构工程焊缝无缝检测技术中应用超声检测技术，主要通过材料自身缺陷所呈现出的声学特点，在进行超声检测时会对超声波的传播造成影响，应用超声检测技术能够有效实现对材料物体的检测与排查，超声检测技术时所主要采用的频率为0.4MHz~4MHz，此种技术也被广泛应用于钢结构工程焊缝无损检测之中。以A型脉冲反射法为例，在应用此项技术时能够针对呈现平面状态的缺陷进行更加精准的检测，检测效率更高。例如，钢结构工程中材料之间出现了未融合或未焊透的问题，能够应用脉冲反射法进行检测，并且应用此类检测技术的经济成本投入较低，但是其主要缺陷在于超声检测技术应用过程中对钢结构工程检测材料的表面粗糙度标准较高，如果进行检测人员专业能力不熟练也会导致超声检测技术效果受限。

（二）射线探伤技术

射线探伤技术主要应用C射线或X射线，让射线穿透焊接处位置，让成像能够直接投射至荧光屏上，操作人员可以通过荧光屏了解检测材料中所存在的缺陷问题、大小问题等，并对钢结构工程焊缝质量水平进行全面的判定与等级划分。应用射线探伤技术也能有效推动钢结构工程焊缝无损技术的广泛应用与质量提升。例如，所检测的

钢结构工程处于密闭性较强的区域，在此时进行焊缝检测就需要应用射线探伤技术，主要采用照相观察的方式方法，提高检测效果与质量。此外，在应用射线探伤技术时也可以同步应用电离与监督方法，针对钢结构工程中所出现的不同焊缝缺陷问题进行严格的划分与精准识别，特别是此类照相观察的方式，其底片能够进行长时间留档。但是值得注意的是应用射线探伤技术时，射线难免会对施工技术人员造成健康等方面的影响，且应用此项技术成本较高，在无损检测判断周期方面耗时较长。

（三）全息探伤技术

全息探伤技术发展时间较短，且在当前钢结构工程焊缝无损检测中，应用范围较窄。该项技术能够有效针对结构工程元件表面和内部进行全面的探测，及时识别相关缺陷的大小和位置，并实现更加精准的定位，能够帮助检测工作人员更加明确地对钢结构工程焊缝质量进行判断。但是全息探伤技术在应用过程中需要投入大量的资金成本，这也是导致此项技术难以广泛推广应用的主要弊端。

三、钢结构工程焊缝无损检测技术应用对策

（一）对钢结构工程焊缝缺陷进行精准定位

在钢结构工程焊缝检测中应用无损检测技术需要保证缺陷定位方面的精准，首先需要合理选择适合的焊缝无损检测技术，并明确缺陷位置。可以应用相关设备工具对检测材料和检测地点进行全面扫描，合理把控检测和扫描速度，让其能够如实体现于荧光屏之上，帮助工作人员了解钢结构工程中所存在的各类缺陷，并能够实现多次检测中缺陷位置的明确对比，帮助技术人员更加明确地了解钢结构工程焊缝存在缺陷的大体位置。如果在检测过程中发现缺陷波位于前两次检测波的周围，则可以确定此处缺现在钢结构工程焊缝的表面处；如果此信号位于两波之间，则可以判定其在焊缝中间位置；如果在检测过程中所得到的缺陷信号紧挨上一次缺陷，可以判定此处缺陷位于焊缝根部位置。

（二）对焊缝无损检测的缺陷波进行科学辨识

1. 气孔缺陷

在气孔缺陷的科学辨识中需要明确独立气孔回波高度更低，并且波形相对稳定，所以不论是针对焊缝进行检测位于哪个方向，所获得的反射波其高程也大概相同。但是不容忽视的是如果操作人员在检测过程中出现操作失误的问题，也会导致探头出现小范围的位移，致使气孔回波反射波消失。

2. 夹渣缺陷

在针对夹渣缺陷进行辨别时，需要注意的是，夹渣与气孔的回波信号有较强的相似性，但是需要明确夹渣缺陷所实现的回波信号，往往呈现出锯齿状态，这也让此类缺陷能够及时被分辨出来，假圈现在无损检测技术应用中所呈现的波幅较低，并且波

形类似于树枝形状，即使检测方向出现变化和多个点位，同样也会使夹渣区域所反映出的反射波幅出现变化。

3. 未熔合缺陷

应用焊缝无损检测技术进行钢结构工程未熔合缺陷的辨别时，可以发现探头平移状态下其所体现的波形相对稳定，但是从两侧进行探测则会发现缺陷的反射波幅会出现较大差异，因此需要从构件的单个侧面对其进行全方位的科学检测。

（三）合理评定钢结构工程焊缝质量水平

在应用钢结构工程焊缝无损检测技术时，需要综合运用多种检测技术，并针对钢结构工程中所涉及的焊缝构件和连接处进行全方位的检测，因此也可以此为依据判断焊缝的实际质量是否合格。值得注意的是在应用无损检测技术时，需要保证建筑用的钢结构工程用板厚度大于8mm，如果操作人员应用超声波等技术进行检测，则能够实现较好的检测效果，也能进一步保证钢结构工程的整体质量水平，实现即时检测与排查钢结构工程焊缝处存在的缺陷问题，帮助其进行质量的判定。除此之外，相关操作人员在针对钢结构构件检测时任意2mm深度范围之内，如果有两处缺陷距离较近小于4mm，则需要操作人员进行重新检测和计算，保障钢结构工程的整体质量水平。

参考文献

［1］喻星星，曹艳.无损检测技术应用［M］.北京：北京理工大学出版社，2021.

［2］陈文革.无损检测原理及技术［M］.北京：冶金工业出版社，2019.

［3］中国科学技术协会组编；中国机械工程学会无损检测分会.无损检测发展路线图［M］.北京：中国科学技术出版社，2020.

［4］郑振太.无损检测与焊接质量保证研究［M］.北京：机械工业出版社，2019.

［5］唐志峰，吕福在.超声导波管道无损检测技术及应用［M］.北京：冶金工业出版社，2019.

［6］陈照峰.无损检测［M］.西安：西北工业大学出版社，2015.

［7］刘松平，刘菲菲.现金复合材料无损检测技术［M］.北京：航空工业出版社，2017.

［8］田贵云.电磁无损检测传感与成像［M］.北京：机械工业出版社，2019.

［9］胡学知.无损检测人员取证拍讯教材 渗透检测 一级-二级［M］.北京：机械工业出版社，2022.

［10］黄松岭，孙燕华，康宜华.现代漏磁无损检测［M］.北京：机械工业出版社，2016.

［11］林俊明，沈建中.电磁无损检测集成技术云检测/监测［M］.北京：机械工业出版社，2021.

［12］夏纪真.无损检测导论［M］.广州：中山大学出版社，2016.

［13］夏纪真.工业无损检测技术超声检测［M］.广州：中山大学出版社，2017.

［14］夏纪真.工业无损检测技术磁粉检测［M］.广州：中山大学出版社，2013.

［15］夏纪真.工业无损检测技术射线检测［M］.广州：中山大学出版社，2014.

［16］陈诚，周文睿.MT，PT 无损检测技术在燃气管道中的应用策略［J］.中国设备工程，2023（13）：180-182.

［17］游佳玥.无损检测技术在工程检测中的应用［J］.中国高新科技，2023

（10）：120-122.

［18］喻炜，周海燕，刘英等. 人造板无损检测技术研究进展［J］. 世界林业研究，2023，36（03）：58-62.

［19］潘冰. 无损检测技术在碳纤维复合材料检测中的应用研究［J］. 中国纤检，2023（04）：67-68.

［20］胥卫东，赵春. 大管径天然气管道焊缝隐患治理无损检测工艺研究［J］. 石化技术，2022，29（04）：79-80.

［21］廖文强. 水利工程中无损检测技术应用研究［J］. 大众标准化，2022（21）：59-60+63.

［22］李越，邵玉龙，邢谭芳. 无损检测技术在压力管道容器检测中的应用［J］. 内燃机与配件，2023（03）：91-93.

［23］顾渊. 无损检测技术在工程检测中的应用研究［J］. 中国高新科技，2022（12）：42-43.

［24］李木林. 特种设备无损检测技术的应用分析［J］. 中国设备工程，2022（18）：147-149.

［25］胡鹏，陈一帆，贾乐乐. 金属材料焊接中超声无损检测技术的应用［J］. 中国金属通报，2022（01）：70-72.

［26］周斌. 钢结构工程焊缝无损检测技术应用探讨［J］. 建筑与预算，2021（10）：77-79.

［27］高业奎. 房屋建筑无损检测技术应用探析［J］. 房地产世界，2021（12）：73-75.

［28］李振生. 无损检测技术在铁矿设备维修中的应用分析［J］. 中国金属通报，2021（05）：242-243.

［29］董海燕. 无损检测技术在建筑工程检测中的应用分析［J］. 四川水泥，2020（04）：133.

［30］解勇，肖飞. 超声无损检测技术在金属材料焊接的应用研究［J］. 世界有色金属，2020（11）：132-133.

［31］顾晨阳. 新无损检测技术在压力容器检验中的应用［J］. 清洗世界，2020，36（07）：50-51.

［32］向明雯. 无损检测技术在建筑工程检测中的应用［J］. 建筑技术开发，2020，47（22）：145-146.

［33］何敏. 无损检测技术在桥梁桩基检测中的应用研究［J］. 居业，2021（04）：66-67